LINZHANG ZHILIN
LILUN BIAN

林长治林

理论编

中共安徽省委党校（安徽行政学院）社会与生态文明教研部课题组／著

安徽省林业局　安徽省林长制办公室／编

张　超／主编

时代出版传媒股份有限公司
安徽文艺出版社

图书在版编目（ＣＩＰ）数据

林长治林.理论编/中共安徽省委党校（安徽行政学院）社会
与生态文明教研部课题组著；安徽省林业局，安徽省林长制
办公室编；张超主编.—合肥：安徽文艺出版社,2023.7
ISBN 978-7-5396-7783-5

Ⅰ．①林… Ⅱ．①中… ②安… ③安… ④张… Ⅲ.
①森林保护－责任制－研究－中国 Ⅳ．①S76

中国国家版本馆 CIP 数据核字(2023)第 090211 号

出 版 人：姚 巍
策 划：孙 立 　　　　　　　　统 筹：胡 莉
责任编辑：李 芳　卢嘉洋 　　　　装帧设计：徐 睿

....

出版发行：安徽文艺出版社　www.awpub.com
地　址：合肥市翡翠路 1118 号　邮政编码：230071
营 销 部：(0551)63533889
印　制：安徽联众印刷有限公司　(0551)65661327

....

开本：710×1010　1/16　印张：15.75　字数：223 千字
版次：2023 年 7 月第 1 版
印次：2023 年 7 月第 1 次印刷
定价：48.00 元

....

（如发现印装质量问题，影响阅读，请与出版社联系调换）

编 委 会

目　　录

上编:安徽省深化新一轮林长制改革理论与实践研究

第一章　林长制改革的理论价值与时代意义 / 003

一、林长制改革的理论引领 / 005

（一）"林草兴则生态兴"的认识论 / 005

（二）"绿水青山就是金山银山"的发展观 / 007

（三）"良好生态环境是最普惠的民生福祉"的民生观 / 009

（四）"山水林田湖草沙一体化保护和系统治理"的方法论 / 011

（五）"用最严格制度最严密法治保护生态环境"的治理观 / 013

二、林长制改革的价值导向 / 015

（一）"生态好":加强林草资源保护 / 015

（二）"产业强":促进林草经济发展 / 018

（三）"林农富":坚持生态惠民宗旨 / 020

三、林长制改革的重大意义 / 021

（一）推进新时代新征程生态文明建设制度创新的有效手段 / 021

（二）提高新时代新征程林草治理体系和治理能力的重要抓手 / 022

（三）促进新时代新征程林草事业高质量发展的必然要求 / 023

（四）实现新时代新征程"双碳"目标的有效举措 / 024

第二章　安徽省林长制改革探索过程 / 026

　一、安徽省林业发展基本情况 / 026

　　（一）自然条件相对优越，生态基础良好 / 026

　　（二）林业经济发展迅速，产业特色明显 / 027

　　（三）林业机构逐步健全，保护管理有力 / 028

　二、安徽省林长制改革实践探索阶段 / 029

　　（一）第一阶段：探索实施阶段 / 029

　　（二）第二阶段：全面推进阶段 / 030

　　（三）第三阶段：深化改革阶段 / 031

　三、安徽省林长制改革的整体设计 / 032

　　（一）创建立体式政策支撑体系 / 032

　　（二）搭建全覆盖五级林长组织体系 / 033

　　（三）组建"五绿"目标责任体系 / 034

　　（四）构建全链条的工作推进体系 / 034

　　（五）搭建立体式制度保障体系 / 035

　　（六）创建林长制改革理论创新体系 / 035

　四、安徽省林长制改革的重点抓手 / 036

　　（一）紧盯主体构建责任体系 / 037

　　（二）统筹各方形成强大合力 / 039

　　（三）尊重基层保持改革活力 / 040

第三章　安徽省林长制改革成效与问题 / 042

　一、安徽省林长制改革取得成效 / 042

　　（一）大规模开展造林绿化，城乡生态环境显著改善 / 042

　　（二）全面深化林业改革，保护发展机制实现重大突破 / 044

　　（三）加快提升管理能力，林业资源保护全面加强 / 047

二、安徽省林长制改革特色经验 / 049

（一）根本保证：习近平生态文明思想指导与安徽省实践探索相结合 / 049

（二）基本原则：和谐共生的目标导向与共同富裕的价值追求相结合 / 050

（三）重要路径：强理念的生态优先与高质量的绿色发展相结合 / 052

（四）关键举措：试点先行的顶层设计与推深做实的基层创新相结合 / 053

（五）基础保障：自上而下的高位推进与横竖到边的部门联动相结合 / 055

三、安徽省林长制改革中的问题与不足 / 057

（一）林业生态资源管护能力有待提升 / 057

（二）林区保护发展配套建设有待完善 / 059

（三）林业碳汇交易体系建设有待加强 / 060

（四）生态产品价值实现路径有待畅通 / 061

（五）林业市场化经营水平有待提高 / 062

第四章 安徽省深化新一轮林长制改革的创新实践 / 065

一、安徽省深化新一轮林长制改革的整体谋划 / 065

（一）安徽省深化新一轮林长制改革的启动过程 / 065

（二）安徽省深化新一轮林长制改革的指导思想和主要目标 / 066

（三）安徽省深化新一轮林长制聚焦“五大森林行动” / 066

二、平安森林行动的创新实践 / 067

（一）健全森林管护网络，推进信息化管理 / 067

（二）加强林业执法队伍建设，健全衔接联动机制 / 069

（三）完善湿地保护机制，优化自然保护地体系 / 070

三、健康森林行动的创新实践／073

（一）深入实施"四旁四边四创"绿化提升行动，拓展绿化空间／074

（二）稳步推进四大生态廊道建设工程，发挥森林综合效益／075

（三）聚焦突出问题精准治理，健全有害生物防控联动机制／077

四、碳汇森林行动的创新实践／078

（一）推进碳汇项目开发，开展碳汇计量监测／078

（二）探索林业碳汇交易，拓展林业碳汇价值实现机制／080

五、金银森林行动的创新实践／081

（一）"村企社户"联建村庄绿化，促进生态美百姓富／082

（二）聚焦特色产业集聚发展，构建良性营商生态系统／083

（三）加强政策扶持和服务，完善新型林业经营主体培育机制／086

六、活力森林行动的创新实践／088

（一）推进集体林权制度改革，引导林权有序流转／088

（二）创新绿色金融产品，拓宽融资规模和渠道／089

（三）探索国家储备林建设和经营模式，提升森林综合效益／092

第五章　关于安徽省深化新一轮林长制改革的思考和建议／095

一、准确把握新形势新任务新要求，持续推动深化新一轮林长制改革／095

（一）贯彻新发展理念，持续建设人与自然和谐共生的现代化／095

（二）继续深化改革鼓励创新，推进林业治理体系和治理能力现代化／096

（三）以科学的世界观和方法论继续实施"五大森林行动"／098

（四）完善配套保障机制，提升深化新一轮林长制改革实效／100

二、积极借鉴长三角地区有益经验深化新一轮林长制改革／101

（一）上海市以林长制推进森林、湿地和公园城市体系建设／102

（二）江苏省突出特色，助力"强富美高"新江苏建设／104

（三）浙江省加快改革步伐，建设共同富裕林业示范区／106

三、以问题导向和目标导向落实落细新一轮林长制改革／108

（一）强化系统观念，提升生态系统质量／108

（二）推进自然保护地体系建设，提高生态资源保护水平／109

（三）坚持改革创新，推动林业高质量发展／110

（四）探索"两山"转化路径，创新生态产品价值实现机制／111

（五）强化责任落实，推进林业治理现代化／112

下编：高质量推进安徽全国林长制改革示范区建设的理论与实践研究

引言／115

第一章　安徽全国林长制改革示范区的发展历程与时代价值／117

一、安徽全国林长制改革示范区的创建与发展历程／117

（一）安徽林长制改革为安徽省创建全国林长制改革示范区奠定了
基础／118

（二）安徽全国林长制改革示范区的创建与发展历程／119

二、安徽全国林长制改革示范区建设的重要意义／120

（一）安徽全国林长制改革示范区建设是推深做实林长制改革的必然
要求／120

（二）安徽全国林长制改革示范区建设是实现林业高质量发展的现实
需要／121

（三）安徽全国林长制改革示范区是打造生态文明建设安徽样板的
重要抓手／122

三、安徽全国林长制改革示范区建设的时代价值 / 124

（一）安徽全国林长制改革示范区建设契合习近平生态文明思想的
实践要求 / 124

（二）安徽全国林长制改革示范区建设符合我国渐进式改革的设计
路径 / 131

（三）安徽全国林长制改革示范区建设切合中国式现代化与共同富裕
的生态向度 / 135

（四）安徽全国林长制改革示范区建设趋合我省深化林长制改革的
头雁引领作用 / 138

第二章 安徽全国林长制改革示范区建设的经验做法与特色实践 / 141

一、安徽全国林长制改革示范区先行区建设的基本做法 / 142

（一）坚持党委领导、政府主导,建立健全政策保障体系 / 142

（二）发展优势产业,培育林业特色品牌 / 143

（三）创新工作机制,提高林业综合效益 / 145

（四）强化组织领导体系建设,提升治理能力 / 146

（五）加大科技支撑,推动林业发展 / 147

二、安徽全国林长制改革示范区先行区建设的特色做法 / 148

（一）淮北市烈山区探索石质山区"七步造林法+",构建"造、管、用"
一体化机制 / 148

（二）滁州市全椒县构建"生态产业化、产业生态化"耦合发展机制
/ 151

（三）亳州市探索发展平原地区"五位一体"新业态机制 / 153

（四）合肥市推动环巢湖湿地综合治理创新机制 / 156

（五）宿州市埇桥区创建绿色家居产业园"立体式"发展机制 / 158

（六）马鞍山市跨域联动共筑长三角绿色发展机制 / 161

（七）宣城市宁国市构建"小山变大山"赋能产业振兴机制 / 163

（八）安庆市探索构建"林长+检察长"携手管林治林机制 / 165

（九）蚌埠市积极构建"生态保护修复+产业导入"的废弃矿山治理
机制 / 167

（十）池州市探索升金湖湿地生态保护修复机制 / 170

（十一）阜阳市阜南县探索建立沿淮地区高效林业特色产业发展机制
/ 172

（十二）淮南市多措并举探索采煤塌陷区生态修复机制 / 174

（十三）黄山市黄山区打造松材线虫病疫情防控创新区机制 / 176

（十四）六安市构建森林旅游多业态培育机制 / 178

（十五）铜陵市探索村庄绿化美化产业优绿色发展机制 / 180

（十六）芜湖市无为市完善长江岸线生态保护修复机制 / 183

第三章　安徽全国林长制改革示范区建设的主要模式 / 185

一、安徽全国林长制改革示范区建设模式的确立依据与缘由 / 186

（一）安徽全国林长制改革示范区建设模式的确立依据 / 186

（二）安徽全国林长制改革示范区建设模式的确立缘由 / 186

二、"实践创新"模式："绿水青山就是金山银山" / 188

（一）"实践创新"模式的内涵理解 / 189

（二）"实践创新"模式的特点 / 190

（三）"实践创新"模式的启发 / 192

（四）"实践创新"模式的典型案例：六安市霍山县全域打造"绿水
青山就是金山银山"实践创新基地 / 194

三、"系统治理"模式：统筹山水林田湖草沙综合发展 / 197

（一）"系统治理"模式的内涵 / 197

（二）"系统治理"模式的特点 / 198

（三）"系统治理"模式的启发 / 199

（四）"系统治理"模式的典型案例:安庆市望江县大力推进长江岸线
　　生态景观廊道跨区域一体化建设 / 200

四、"生态屏障区"模式:筑牢长江三角洲区域生态保护屏障 / 202

（一）"生态屏障区"模式的内涵 / 202

（二）"生态屏障区"模式的特点 / 203

（三）"生态屏障区"模式的启发 / 204

（四）"生态屏障区"模式的典型案例:黄山市推进新安江廊道建设,
　　打造生态林业升级版 / 206

第四章　合"力"高质量提升安徽全国林长制改革示范区的治理效能 / 209

一、强化党领导的核心力,高质量提升示范区的组织领导 / 210

（一）不断提升党的政治领导力,确保示范区建设具有坚强的组织保障
　　/ 210

（二）不断提升领导干部的领导力,确保示范区建设具有坚强的中坚
　　力量 / 211

二、强化人民的源动力,高质量提升示范区的主体价值 / 212

（一）充分发挥人民主观能动力,确保示范区建设具有强大的生命力
　　/ 213

（二）充分尊重人民利益诉求,确保示范区建设具有雄厚的群众支持
　　基础 / 214

三、强化法治的保障力,高质量提升示范区的法治正义 / 215

（一）坚持问题导向,注重法制完备,确保示范区建设善于运用法治
　　思维 / 216

（二）坚持以人为本,注重执法温度,确保示范区建设善于运用法治
　　方式 / 217

四、强化行政的执行力,高质量提升示范区的"政府有为" / 217

（一）正确界定政府权责边界,定准政府之"位",提高示范区行政效能 / 218

（二）积极探索政府行政方式,运用技术之"新",优化示范区行政手段 / 219

五、强化市场的决定力,高质量提升示范区的"市场有效" / 219

（一）优化市场改革机制,确保示范区建设经济活力充沛 / 220

（二）完善市场监管机制,确保示范区建设经济秩序良好 / 221

六、强化文化的引领力,高质量提升示范区的文化建设 / 221

（一）牢固树立社会主义生态文明观,为示范区发展奠定思想基础 / 222

（二）坚持意识形态塑造,凝聚示范区建设的全民参与共识 / 222

（三）坚持思想道德规范,强化示范区建设的全民行动自觉 / 223

七、强化民生的统筹力,高质量推进示范区的民生福祉 / 224

（一）以人民获得感为出发点,确保示范区建设具有雄厚的群众基础 / 225

（二）以人民幸福感为归宿点,确保示范区建设具有高阶的精神目标 / 225

（三）以人民安全感为深化点,确保示范区建设具有完备的保障体系 / 226

八、强化治理的创新力,高质量提升示范区的治理能力 / 227

（一）筑牢社会治理根基,确保示范区基层治理新格局的形成 / 227

（二）提升治理现代化水平,确保示范区走共同富裕之路 / 228

九、强化生态的保护力,高质量提升示范区的绿色发展 / 229

（一）迈向人与自然和谐共生,确保示范区绿色经济社会发展 / 230

（二）迈向自然生态系统协调,确保示范区美丽中国引领性发展／231

十、强化防腐的威慑力,高质量提升示范区的制度建设／232

（一）加快建立权力配置与运行的制约机制,确保示范区反腐倡廉制度
体系建设／232

（二）加快建立党风党纪和政治理论的学习工作,确保示范区忠诚担当
尽责氛围营造／234

（三）加快建立生态安全制度体系,确保示范区生态系统的良性循环
／234

参考文献／237

上编：

安徽省深化新一轮林长制改革

理论与实践研究

第一章　林长制改革的理论价值与时代意义

党的十八大以来,以习近平同志为核心的党中央高度重视生态文明建设,习近平总书记一直将生态文明建设放在突出位置,并不断融入经济建设、政治建设、文化建设、社会建设和人类命运共同体发展中,形成了集时代性、创新性、系统性于一体的习近平生态文明思想,不仅为新时代我国生态文明建设提供了科学的思想指引和根本遵循,也充分彰显了马克思主义生态观的中国化、时代化,是我国社会主义生态文明进程中的重大理论创新、实践创新和制度创新。安徽省积极践行习近平生态文明思想,不仅在全国率先探索实施林长制改革,颁布实施全国首部省级林长制法规,而且在全国率先创建了林长制改革示范区,为全国提供了可复制、可借鉴的经验参考,较好地发挥了安徽林长制改革的全国领头雁作用。

森林是重要的自然生态系统,对维护国家生态安全、推进生态文明建设具有基础性、战略性作用。习近平总书记高度重视森林等资源保护管理,并明确提出要通过完善林业责任制来促进林业发展。2016年4月,习近平总书记考察安徽时指出,"安徽山水资源丰富、自然风光美好,要把好山好水保护好"。为了贯彻落实习近平总书记的要求,安徽各地开始结合本地实际情况开展林业监管体制和制度的改革探索。2017年9月18日,安徽省委、省政府正式印发《关于建立林长制的意见》，并在全省全面推进林长制，在林业草原的绿色高质量发展和提升全社会的绿色福祉方面取得了实质性进展。

何谓林长制？林长制是以保护发展森林等生态资源为目标，以压实地方党委政府领导干部责任为核心，以制度体系建设为保障，以监督考核为手段，构建由地方党委政府主要领导担任总林长，省、市、县、乡、村分级设立林（草）长，聚焦森林草原资源保护发展重点难点工作，实现党委领导、党政同责、属地负责、部门协同、全域覆盖、源头治理的长效责任体系。这是以习近平同志为核心的党中央站在民族永续、国家发展、民生福祉的战略高度，就加强林草资源管理保护做出的一项重大决策部署，是我国生态文明领域的又一重大制度创新。

党的十九届五中全会通过的《中共中央关于制定国民经济和社会发展第十四个五年规划和二〇三五年远景目标的建议》明确提出要"推行林长制"。《中共中央关于党的百年奋斗重大成就和历史经验的决议》明确写入了"林长制"。党的二十大报告进一步指出"中国式现代化是人与自然和谐共生的现代化"，并做出了"科学开展大规模国土绿化行动""深化集体林权制度改革""提升生态系统碳汇能力"等具体部署，为新时代新征程的林长制改革提供了方向引领和根本遵循。

2021年1月，中共中央办公厅、国务院办公厅印发《关于全面推行林长制的意见》（以下简称《意见》），并发出通知，要求各地区各部门结合实际，认真贯彻落实。《意见》指出："森林和草原是重要的自然生态系统，对于维护国家生态安全、推进生态文明建设具有基础性、战略性作用。"按照《意见》要求，到2022年6月我国要全面建立林长制。2022年7月13日，国家林业和草原局举行全面建立林长制新闻发布会，宣布除直辖市和新疆生产建设兵团外，其余各省均设省、市、县、乡、村五级林长，各级林长近120万名，其中省级林长421名。

林长制改革从基层探索到全面推行,已经经历了五年多的时间,取得了阶段性的成果。实践已经证明,林长制的实施增强了各级领导干部对于森林和草原整体、综合、系统保护的政治自觉、思想自觉、法律自觉和行动自觉。在总结、归纳和提炼地方林长制改革探索实践经验的基础上,我们需要进一步厘清林长制改革的理论依据,深入把握林长制改革的总体要求和实践指向,深刻理解新时代新征程深化林长制改革的重大意义,将林长制改革蕴含的巨大制度优势更加充分地发挥出来,为我国林草资源保护修复和林草事业高质量发展提供更加坚实、更为完善的制度体系保障。

一、林长制改革的理论引领

林长制改革作为生态文明建设领域内的制度创新,是在深入学习理解习近平新时代中国特色社会主义思想特别是习近平生态文明思想的基础上通过不断探索与实践逐步形成并完善的。因此,林长制改革充分体现了习近平生态文明思想的理论特质、创新观点和文化特征。

(一)“林草兴则生态兴”的认识论

2022 年 3 月 30 日,习近平总书记在参加首都义务植树活动时首次提出“林草兴则生态兴”这一重大论断。虽然是简简单单的七个字,但是体现了习近平总书记关于生态文明建设的最新思考成果。这一论断进一步拓展了习近平生态文明思想中“生态兴则文明兴”的重要内容,将“林草兴”作为“生态兴”的前置性条件加以强调,充分体现出基于马克思主义关于人与自然基本观点的对“林草”生态系统重要性的认识论创新。

恩格斯在《自然辩证法》一书中曾回顾道:“美索不达米亚、希腊、小亚细亚以及其他各地的居民,为了得到耕地,毁灭了森林,但是他们做梦也想不到,这些地方今天竟因此而成为不毛之地,因为他们使这些地方失去了森林,也就失去了水分的积聚中心和贮藏库。阿尔卑斯山的意大利人,当他们在山南坡把那些在山北坡得到精心保护的枞树林砍光用尽时,没有预料到,这样一来,他们把本地区的高山畜牧业的根基毁掉了;他们更没有预料到,他们这样做,竟使山泉在一年中的大部分时间内枯竭了,同时在雨季又使更加凶猛的洪水倾泻到平原上。"①这段话充分说明,正是因为人们"毁灭了森林",把"枞树林砍光用尽",最后不仅没有达到预期的目的、获得更好的生活,反而连自己的家园都失去了。习近平总书记在2018年5月18日全国生态环境保护大会上的讲话中特别引用了这段话,同时结合我国文明演进历史指出:"我国古代一些地区也有过惨痛教训。古代一度辉煌的楼兰文明已被埋藏在万顷流沙之下,那里当年曾经是一块水草丰美之地。河西走廊、黄土高原都曾经水丰草茂,由于毁林开荒、乱砍滥伐,致使生态环境遭到严重破坏,加剧了经济衰落。"这段话同样说明,"毁林开荒、乱砍滥伐"给生态环境造成的破坏不是轻度的、浅层的、一时的,而是严重的、深层的、长久的。

"以史为鉴,可以知兴替。"习近平总书记正是站在历史长河中回顾人类社会发展总体状况,才明确地得出"生态兴则文明兴,生态衰则文明衰"的科学论断,也才进一步提出"林草兴则生态兴"的重大判断。其实,早在2013年参加首都义务植树活动时,习近平总书记就提出,"森林是陆地生态系统的主体和重要资源,是人类生存发展的重要生态保障"。不可想象,没有森林,地球和人类会是什么样子。习近平总书记的论断直接且深刻表明了林草兴衰与生态系统兴衰之间存在的正相关性。当前正是"十四五"开局起步、全面建设社会主义现代化国家的关键时期,习近平总书记以深邃的历史

---

① 中共中央马克思恩格斯列宁斯大林著作编译局. 马克思恩格斯文集:第9卷[M].北京:人民出版社,2009:560.

思维总结古往今来的经验教训,进而提出"林草兴则生态兴",把新发展阶段对林草工作的重要性和必要性的认识提升到了新的前所未有的层次,指引我们更加深刻地理解在生态系统和人类社会系统的耦合、人与自然的和谐中林草系统的基础性支撑和决定性作用。由于森林生态系统内部结构复杂,各因素互相制约、互相依赖,其完整性与稳定性是在大自然长期进化的过程中逐步形成的。"林草兴"可以在多样性、稳定性和持续性中全面提升生态系统质量,进而为经济社会发展提供安全性前提和基础。反之,"林草衰"则必然会导致生态系统功能退化甚至丧失。因而可以说,林草系统遭到破坏必然会给人与自然共同构成的生命共同体带来巨大而持久的创伤。

林长制改革首先就是要通过责任体系的构建来更加有效地保护林草资源,这与习近平总书记对林草兴衰与我国生态文明建设乃至经济社会发展兴衰的关系所做出的科学论断是完全一致的。换言之,"林草兴则生态兴""生态兴则文明兴"是林长制改革的认识论基础。

(二)"绿水青山就是金山银山"的发展观

"绿水青山就是金山银山"是习近平生态文明思想的核心理念。从 2005 年 8 月 15 日在浙江余村提出这一理念至今,习近平总书记在多个场合反复强调:绿水青山与金山银山绝不是对立的,二者之间是辩证统一的关系。绿水青山既是自然财富,又是社会财富、经济财富。

习近平总书记的这一理念丰富和发展了马克思主义的生产力理论。习近平总书记在纪念马克思诞辰 200 周年大会上发表重要讲话,其中引用了《1844 年经济学-哲学手稿》中的一句话,"人靠自然界生活"。习近平总书记接着阐释了这一论断,"自然不仅给人类提供了生活资料来源,如肥沃的土地、渔产丰富的江河湖海等,而且给人类提供了生产资料来源。自然物构成人类生存的自然条件,人类在同自然的互动中生产、生活、发展",正是将自然作为人类生产生活资源的来源。习近平总书记进一步明确了将保护环境与保护生产力、改善环境与发展生产力紧密相连的思想,赋予了马克思主义生产力理论以鲜明的时代内涵和丰富的价值内涵。同时,习近平总书记的这一理念也是对我国古代丰富的生态智慧的传承和创新。《管子·立政》有云:"山泽救于火,草木植成,国之富也。"意思是,若山泽能够防止火灾,草木繁殖成长,国家就会富足。作为春秋时期的著名政治家,管仲已经认识到保护生态环境之于国家财富积累的重要性,主张对山泽林木实行国家垄断。这句话充分体现了古人朴素而睿智的关于生态环境、自然资源与经济发展关系的智慧。习近平总书记在 2021 年 4 月 30 日十九届中央政治局第二十九次集体学习时的讲话中引用了这一观点。他指出:"提升生态系统质量和稳定性。这既是增加优质生态产品供给的必然要求,也是减缓和适应气候变化带来不利影响的重要手段。'草木植成,国之富也。'良好生态本身蕴含着经济社会价值。"由此可见,"两山"理念体现了马克思主义生产力原理同中华优秀传统文化的结合,它是对我国发展实践诉求的深层回应,是对我国现代化进程中增长迷思的突破,能够推动人们转变发展观念,把绿色看作财富,将生态价值转化为推动经济社会可持续发展的强大动能,实现更高质量、更有效率、更加公平、更可持续的发展,从而开创出经济社会发展与生态环境保护共赢的崭新路径。

习近平总书记多次强调,"林业建设是事关经济社会可持续发展的根本性问题","发展林业是全面建成小康社会的重要内容,是生态文明建设的重要举措"。林草资源作为生态系统的基础性组成部分,其蕴含的经济社会价值是极其巨大的。实践已经充分证明了这一点:"两山"理念的发源地安吉余村,从靠山吃山到养山富山,依靠"竹海"资源优势,着力发展生态休闲旅游,实现了从"卖石头"到"卖风景"的转变;在习近平总书记考察时指出发扬"右玉精神"的山西右玉,70 年来,右玉的林木绿化率从不足 0.3% 增至

57%,不毛之地变成塞上绿洲,生态牧场、特色旅游红红火火,实现了在保护中发展、发展中保护的时代转变。近年来,越来越多的地方在"绿水青山就是金山银山"理念的指引下摆脱了昔日关于经济增长与环境保护的"两难"困扰,抓住发展机遇,把生态环境优势转化为生态农业、生态工业、生态旅游业等生态经济的优势。经济发展不再是消耗自然资源的"竭泽而渔",生态保护也再不是贫守青山的"缘木求鱼"。

林长制改革将责任压实在五级林长上,既能够最大限度地推动林草资源保护,又可以让林长们将林业发展置于当地经济社会发展的总体框架之中进行统筹谋划,实现林业生态价值、经济价值和社会价值的统一。"绿水青山就是金山银山"这一重大判断构成了林长制改革的发展观基础。

(三)"良好生态环境是最普惠的民生福祉"的民生观

从提出"良好生态环境是最公平的公共产品,是最普惠的民生福祉",到指出"发展经济是为了民生,保护生态环境同样也是为了民生",再到强调"环境就是民生,青山就是美丽,蓝天也是幸福",习近平总书记始终聚焦人民群众感受最直接、要求最迫切的突出问题,坚持以人民为中心,统筹生态环境高水平保护和经济高质量发展。

在2018年的全国生态环境保护大会上,习近平总书记明确指出:"民之所好好之,民之所恶恶之。"进入新时代,随着我国社会主要矛盾发生变化,人民群众对优美生态环境的需要成为这一矛盾的重要方面,广大人民群众热切期盼加快提高生态环境质量。积极回应人民群众所想、所盼、所急,是我们党的宗旨所在、使命所在、责任所在。坚持以人民为中心,坚持生态惠民、生态利民、生态为民,把优美的生态环境作为一项基本公共服务,把解决突出生态环境问题作为民生优先领域,让群众持续感受到生态环境方面发生的巨大变化。正因为有"人民"这一价值导向,党的十八大以来,我国以前所未有的决心和力度推进生态文明建设,集中力量攻克群众身边的突出生态环境问题。这十年,人民群众生态环境获得感、幸福感、安全感不断提升。党的二十大报告再次强调"人民至上",再次强调"中国式现代化是人与自然和谐共生的现代化",明确提出"增进民生福祉,提高人民生活品质",这都充分体现了生态文明建设领域各项工作应当坚持的基本原则和应当追求的最高准则。

2021年4月2日,习近平总书记在参加首都义务植树活动时指出"祖国大地绿色越来越多,城乡人居环境越来越美,成为全球森林资源增长最多的国家",强调"我们也要清醒看到,同建设美丽中国的目标相比,同人民对美好生活的新期待相比,我国林草资源总量不足、质量不高问题仍然突出,必须持续用力、久久为功"。这让我们更加明确地认识到,林草资源无论是量上的增长还是质上的提升,都需要我们以满足人民日益增长的美好生活需要为导向来进行实践探索和经验总结。我国已进入高质量发展阶段,人民群众对良好生态环境的需求还会加速升级。因此,林长制改革的出发点和落脚点都应当是最广大人民群众的需要。那么,在发展实践中,一方面,我们要在经济发展的过程中加大林草资源的保护和修复力度,这不仅是要让祖国大地的绿色多一些、再多一些,质量高一些、再高一些,更是要让无论生活在城市还是农村的老百姓感受到绿意盎然的生机与活力;另一方面,我们要在林草资源的保护和修复中找到绿色发展之路,让守护绿水青山的广大林农端上"生态"这个金饭碗。

当然,正如习近平总书记所强调的,"生态文明是人民群众共同参与共同建设共同享有的事业,要把建设美丽中国转化为全体人民自觉行动。每个人都是生态环境的保护者、建设者、受益者,没有哪个人是旁观者、局外人、批评家,谁也不能只说不做、置身事外"。"为了人民"与"依靠人民"从来都是一体两面的关系。党的十八大以来,习近平总书记连续十年参加首都义务植树活动，为国土空间绿化贡献自己的力量，更是为全国人民做出了表率。在林长制改革过程中，我们也必须充分发挥广大人民群众的积极性、主动性和创造性，让大家都来为林长制改革出谋划策、建言献策，与广大人民群众切身利益相关的工作更要让大家共同参与，避免出现"上热下冷"的情况。一个人的力量或许有限，但只要乘以我国的人口基数，就必然能迸发出林长制改革的强大力量。

林长制改革的责任体系直接指向的是林草资源，但本质上的价值指向还是广大人民群众。这一价值遵循是林长制改革的真正方向所指、意义所在。如果偏离了"人民"的价值坐标，仅仅将视野放在林草资源或者林业产业的数据增长上，林长制改革就会出现偏差。如果失去了"人民"的主体动力，仅仅将目光放在党委政府或者相关部门的具体工作中，林长制改革就会后劲不足。因此，"良好生态环境是最普惠的民生福祉"，这是生态文明建设永恒不变的主题，也构成了林长制改革的民生观基础。

（四）"山水林田湖草沙一体化保护和系统治理"的方法论

习近平总书记在全国生态环境保护大会上的讲话中指出："生态是统一的自然系统，是相互依存、紧密联系的有机链条。人的命脉在田，田的命脉在水，水的命脉在山，山的命脉在土，土的命脉在林和草，这个生命共同体是人类生存发展的物质基础。"党的二十大报告在回顾新时代十年我国生态文明建设的伟大变革以及部署新征程生态文明建设任务时，都强调了"山水林田湖草沙一体化保护和系统治理"。

在习近平总书记的论述中，"命脉"这一表达既形象生动，又深刻睿智，它阐释了山水林田湖草沙各要素之间通过能量流动与物质循环相互联系、相互影响，形成相对独立又彼此依存的关系。这种循环往复、相融共生的关系共同维持着整个生态系统的正常运行，保持生态系统的稳定性、多样性和持续性。习近平总书记从"山水林田湖"到"山水林田湖草",再到"山水林田湖草沙",在地方考察时还会根据实际强调"山水林田湖草沙冰"。习近平总书记对这一生命共同体的认识逐步丰富和深化,但始终不变的有两个方面:一方面是始终强调"一体化",强调整体,强调系统,强调要算大账、长远账、整体账、综合账。过去较长一段时间内,山水林田湖草沙的管理分散在各个部门,种树的只管种树,治水的只顾治水,护田的单纯护田,凡此种种只顾局部不顾整体、只顾眼前不顾长远的打乱仗,削薄了我们的林草资源家底,甚至破坏了天然的生态平衡。对此,我国从调整国家机构的顶层设计上来破题,组建了自然资源部,加挂国家林业和草原局的牌子,针对性地解决职能交叉重叠、单要素治理、既各自为战又"九龙治水"的模式。需要指出的是,强调"一体化"并不是无区别化、无差异化,而是更加凸显对不同生态系统自身客观实际的尊重,不能简单地进行"绿化""美化",而是遵循"宜耕则耕、宜林则林、宜草则草、宜湿则湿、宜荒则荒、宜沙则沙"的原则。在"一体化保护和系统治理"中,我们既不能完全不改变生态系统、不进行自然的"人化"改造,也不能仅仅按照主观意志对生态系统进行没有限制的人为干预,而是要坚持以自然恢复为主、以人工修复为辅,综合考虑自然生态系统的系统性、完整性,以江河湖流域、山体山脉等相对完整的自然地理单元为基础,结合行政区域划分,科学开展生态系统的保护和修复。

另一方面则是始终强调对"林"和"草"之于人的命脉的基础性和根本性作用。习近平总书记将生命共同体的命脉环节落脚于"林"和"草"是极具科学性和指导性的。在这个由不同要素有机构成的生命共同体中,只有更好地抓住"林"和"草"这两大基础性要素,整个共同体的生机与活力才能迸发出来并持续显现。"林"和"草"与"山""水""田""湖""沙"之间的关系不是"多要素简单加和",而是为实现各要素联合的整体效果打牢地基、建立底座。因此,林长制改革就是要为破解"简单加和"困境而做出创新性实践。

继河长制、湖长制等制度性创新后，林长制也能够发挥出其独特而重要的作用，即通过这一制度的推行在整个生态系统修复和保护的化学反应中产生最大乘数效应，达到"一子落而全盘活"的整体效果。

林长制改革的责任主体是各级林长，缺乏科学方法论的支撑就会陷入只见目标不知"船"和"桥"的困境。只有将林长制改革放置在"生命共同体"的系统内思考分析，才能找到"过河"的有效路径。因此，"山水林田湖草沙一体化保护和系统治理"是习近平总书记系统思维在生态文明建设领域内的集中体现，它构成了林长制改革的方法论基础。

（五）"用最严格制度最严密法治保护生态环境"的治理观

习近平总书记反复强调：只有实行最严格的制度、最严密的法治，才能为生态文明建设提供可靠保障。在全国生态环境保护大会上，习近平总书记进一步指出："我国生态环境保护中存在的突出问题大多同体制不健全、制度不严格、法治不严密、执行不到位、惩处不得力有关。"因此，党的十八大以来，我国把制度建设作为推进生态文明建设的重中之重，加快制度创新，增加制度供给，完善制度配套，强化制度执行，让制度成为刚性的约束和不可触碰的高压线。

森林和河流是地球生态系统主要的环境因素，是人类文明形成和发展的条件与基础。中华文明之所以在东方繁荣昌盛，中华民族之所以在东方长久屹立，重要原因之一是中华民族在经济和社会的不断发展中基本完整地保存了自己赖以生存和发展的森林和河流。在中国特色社会主义新时代，生态文明建设已经纳入"五位一体"总体布局，为了全面、系统保护地面水体，我国已经实施了河长制、湖长制和湾长制，而为了全面、系统保护森林和草原，我国开始全面推行林长制。林长制补足了生态文明建设在森林和草原保护领域的改革短板，抓住了生态文明建设、生态安全保障和人类文明发展的关键因素。可以说,林长制的产生与发展是生态文明制度体系构建与完善过程中的一个典型范例,是从制度层面根本解决保护发展林草资源力度不够、责任不实等问题,守住自然生态安全。

而制度与治理体系和治理能力之间具有非常紧密的联系,林长制与林草治理体系和治理能力的现代化之间同样有着密不可分的关系:第一,制度是治理的根本依据,治理的一切工作和活动都要依据制度展开。林草治理作为一个系统工程,其一切工作和活动都应当依照制度展开。只有这样,林草治理才能确保正确的前进方向,才能实现有条不紊运行,才能取得应有的治理效果。第二,治理体系和治理能力是制度及对制度的执行能力的集中体现,是把制度优势转化为治理效能的基本依托。治理体系是制度落实到治理中的具体化、实体化,它包括组织领导体系、政策法规体系、力量构成体系、资源要素体系等等。林草治理体系当然是各方面协调行动的系统工程。林草治理能力是运用制度管理林草事业各方面事务的能力,它包括林草资源保护和修复、林草资源监测监管、林草产业发展等各个方面的治理能力。只有构建起完备的治理体系,形成高效的治理能力,制度才能得到切实执行,才能具体落实到治理中,才能使制度优势真正转化为治理效能。第三,制度建设与治理体系和治理能力现代化是一个有机统一的系统工程。好的制度规范指导形成好的治理,好的治理又会完善形成更好的制度。制度与治理体系和治理能力相辅相成、相得益彰,在互动共进中推动制度的不断完善和成熟定型,推动治理体系和治理能力朝着更高的目标迈进。从林草高质量发展维度来看,林长制推动林草治理体系和治理能力现代化,全面推行林长制改革能够不断丰富完善这项制度。

为了用最严格的制度和最严密的法律治理森林和草原,实现"山有人管、林有人造、树有人护、责有人担",2020 年 7 月 1 日新修订的《森林法》规定:"地方人民政府可以根据本行政区域森林资源保护发展的需要,建立林长制。"此次中共中央办公厅和国务院办公厅联合印发《意见》,对林长制做出政策、体制和制度层面的安排,就是从规范化、程序化、制度化层面推进林长制的法律实施。党的二十大报告提出,要"科学开展大规模国土绿化行动","深化集体林权制度改革"。这为新发展阶段的林草工作提出了新的要求。我们必须通过制度改革不断完善体制机制,激发内生动力,构建林草事业发展新格局。因此,"用最严格制度最严密法治保护生态环境"是我国环境治理体系和治理能力现代化的必然要求,它构成林长制改革的治理观基础。

二、林长制改革的价值导向

推行林长制就是要明确地方党政领导干部保护发展森林草原资源目标责任,构建党政同责、属地负责、部门协同、源头治理、全域覆盖的长效机制,加快推进生态文明和美丽中国建设。从林长制改革地方探索起步到现在全面推行,其总体要求应当从"生态好""产业强"和"林农富"三个维度来进行剖析和理解。

(一)"生态好":加强林草资源保护

习近平总书记在参加首都义务植树时,现场多次指出我国林草资源保护存在的问题:"我国生态欠账依然很大,缺林少绿、生态脆弱仍是一个需要下大气力解决的问题","我国林草资源总量不足、质量不高问题仍然突出",等等。林长制就是要针对我国林草资源现状,在量和质两个方面加强林草资源保护,这是林长制改革的最基础的要求。

2022年9月19日,中宣部举行"中国这十年"系列主题新闻发布会,第33场主要介绍新时代自然资源事业发展与成就有关情况。国家林业和草原局副局长李春良在介绍情况时说:"党的十八大以来,以习近平同志为核心的党中央高度重视生态文明建设和林草事业发展,习近平总书记非常关心林草工作,做出了一系列重要论述和指示批示,总书记连续 10 年参加首都义务植树活动,多次深入林区、林场、草原、国家公园视察调研,推动林草事业取得历史性成就、发生历史性变革。"

目前,"我国森林面积共有 34.60 亿亩,居世界第五位,森林蓄积量194.93 亿立方米,居世界第六位,人工林保存面积 13.14 亿亩,居世界第一位;草地面积 39.68 亿亩,居世界第二位;湿地面积 8.50 亿亩左右,居世界第四位;我国还是世界上生物多样性最丰富的 12 个国家之一,是涵盖世界上几乎所有生态系统类型的国家,高等植物种数、脊椎动物种数分别占世界的10% 和 13.7%,都居世界前列;我国林草总碳储量达到 114.43 亿吨,也居世界前列"。

"十年来,美丽中国绿色本底不断夯实。我们持续开展大规模国土绿化行动,累计完成造林 9.6 亿亩,种草改良 1.65 亿亩,新增和修复湿地 1200 多万亩。我国森林覆盖率达到 24.02%,草原综合植被盖度达到 50.32%。近十年中国为全球贡献了四分之一的新增森林面积。"

十年来,我国荒漠生态治理打造国际标杆。我国"累计完成防沙治沙任务 2.78 亿亩,荒漠化土地、沙化土地、石漠化土地面积分别减少 7500 万亩、6488 万亩和 7895 万亩,可治理沙化土地治理率达到 53%。涌现出了王有德等一批治沙英雄,形成了八步沙、右玉、柯柯牙等治沙精神"。

十年来,我国林草资源信息化管理水平大幅提升,建成了林草生态网络感知系统,实现了林草资源"一个体系"监测、"一套数"评价、"一张图"管理。森林火灾受害率和草原火灾受害率分别稳定在 0.9‰以下和 3‰以下,远低于世界平均受害率。

"十年来,我国重大生态工程筑牢生态安全屏障。在青藏高原、黄河流域、长江流域等重要生态区位,实施了 66 个林草区域性系统治理项目和 40 个国土绿化试点示范项目。全面实施天然林保护工程,25.78 亿亩天然林得以休养生息;退耕还林还草工程,两轮累计实施 5.2 亿亩,陕西的绿色版图向北延伸 400 公里;启动时间最早、历时最长的'三北工程',过去十年集中建设了 15 个百万亩防护林基地。"

以上这些数据能够充分反映出党的十八大以来我国林草事业发展交出的优异生态答卷,新时代祖国大地的绿色更多了。

当然,"绿"更多的是林草资源保护的底色,"彩"同样是林业资源保护的题中应有之义。大自然孕育出来的林木本就是多姿多彩的,林草资源保护布局让祖国大地绿色更多,更要在此基础上展现自然本身的"高颜值",让中华大地"美起来"。近年来,不少地方在打造"彩色森林"上也进行了积极的探索与实践。有的地方在不破坏现有森林生态系统的前提下,充分利用小灌木林地、宜林地、疏林地和林中空地等有限的林地资源,营造增加森林景观效果的彩色树种,采取单一地块单色集中凸显、不同地块多色交相辉映的措施,从而达到五彩纷呈、美不胜收的建设效果;有的地方则按照适应性、景观性、有序性、特异性等原则,优选适应性强、本地特色鲜明的植物,进行彩色景观林建设、彩色走廊林建设、彩色公园林建设、彩色岸线林建设等的统筹谋划和整体推动,使森林资源景观达到立体化、四季化、彩色化、景观化、园林化和网红化等多重效果;有的地方通过实施山区林相改造项目,对林相单一、结构单调的森林,撂荒的经济林及景观残破的次生林进行景观改造,借助人为适度干预的近自然培养恒被林的先进技术,克服天然封山更新抚育的被动性、漫长性、不确定性以及演替方向上的可逆性,实现彩色健康景观生态林的建设目标;等等。这些实践证明:大自然本身孕育了季相变化明显的彩色树种,我们就应当把它们更好地融入林草资源保护修复事业中,这既能够满足人们对美丽生态环境的需要,让人们更加注重生态之美,从而更好地倡导健康环保的思想理念和生活方式,又能够为更充分地以森林为载体,融入体验、休闲、娱乐活动及文化艺术元素,一、二、三产业及文化艺术等多产业融合发展,打造旅游、观光、休闲、度假等目的地提供不可或缺又独具特色的环境支撑。

(二)"产业强":促进林草经济发展

习近平总书记向来强调经济发展与生态环境保护的双赢。在实现林草高质量发展过程中,林草资源的保护和修复是基础工程,林草经济发展也是题中应有之义。推行林长制就是要协调好森林草原保护和林业草业发展的关系,促进生态保护和绿色发展的协同共进。这是林长制改革的最关键的要求。

在林长制改革过程中,有的地方为追求声势,搞整县封山育林,简单地"一封了之",虽然林相有了改观,但是大大降低了林质中的经济属性,造成了林业资源的无序浪费。这是违背林长制内在要求的。2022年11月7日,习近平总书记在致国际竹藤组织成立二十五周年志庆暨第二届世界竹藤大会的贺信中指出:"国际竹藤组织成立以来,致力于竹藤资源保护、开发与利用,为促进全球生态环境保护、推动可持续发展发挥了建设性作用。"习近平总书记这里不仅强调资源的保护,而且也注重资源的开发与利用。这次大会以"竹藤——基于自然的可持续发展解决方案"为主题,目的就是要探索竹藤发展新机遇,打造竹藤对话新平台,推动竹藤产业的健康发展,助力实现碳中和目标。在这次大会上,我国政府与国际竹藤组织在会上共同发起"以竹代塑"倡议。竹子作为绿色、低碳、可降解的生物质材料,在包装、建材等多个领域可直接替代部分不可生物降解的塑料制品。"以竹代塑",可以增加绿色竹产品的使用比例,减少塑料污染。中国有竹林地面积701万公顷,竹类资源、面积、蓄积量均居世界第一,是世界上竹资源最丰富的国家,同时也是竹产业规模最大的国家。"以竹代塑"倡议,同时也是中国积极践行"绿水青山就是金山银山"绿色发展理念的体现。"以竹代塑",不仅能够换来生态环境的改善,还能带动竹产业转型升级,促进竹资源丰富地区经济发展,助力乡村振兴。作为世界竹产品生产、贸易第一大国,2020 年,我国竹产业产值近 3200 亿元,竹产品进出口贸易总额 22 亿美元,占世界竹产品贸易总额的 60%以上。因而,"以竹代塑"倡议这一极佳的基于自然的可持续发展方案在此时发布,将为全球治理塑料污染提供新思路、新智慧。

林业发展涉及的因素广泛、复杂,林草部门作为专业监管部门的作用相对有限,因此森林草原的持续保护和林草绿色发展必须取得地方党委和政府的全力支持。为此,建立各级林长负责制下林草等相关部门深度参与和分工负责的林业发展体制、制度和机制,能够真正从根本上解决林草高质量发展的现实困境。

林长制可以发挥统筹和协调的权限与方法,要求各级林长要强化工作措施,统筹各方力量,形成一级抓一级、层层抓落实的工作格局。更为关键的是,林长制可以发挥规划统筹、资金拨付、项目决策、部门协调的作用。比如,林长要履行严格控制林地草地转为建设用地、加强重点生态功能区和生态环境敏感脆弱区域的森林草原资源保护、禁止毁林毁草开垦、加强公益林管护、统筹推进天然林保护、全面停止天然林商业性采伐、强化森林草原督查、严厉打击违法犯罪行为、强化野生动植物及其栖息地保护等监管职责,这些职责可以依靠林草部门的专业监管工作来完成。但是其他的相关工作,如科学划定生态用地,持续推进大规模国土绿化行动,实施重要生态系统保护和修复重大工程,深入实施退耕还林还草、三北防护林体系建设、草原生态修复等重点工程,建立市场化、多元化资金投入机制,完善森林草原资源生态保护修复财政扶持政策,加强森林经营和退化林修复,提高全民义务植树尽责率,建立森林草原有害生物监管和联防联治机制,开展森林草原防火,加强森林资源资产管理,推动林区林场可持续发展,完善草原承包经营制度,规范草原流转,深化集体林权制度改革,鼓励所有权、承包权、经营权"三权"分置,完善产权权能等方面,则需要林长利用地方政府的领导权威和综合兜底职责予以支持和解决。只有这样,才能解决长期制约林业发展的瓶颈和历史遗留难题,既保护林草资源和自然生态,也大力发展林草产业,实现林草生态保护和绿色发展的协同共进,避免林草部门孤军作战的现象。因此,林长制的推行必然要探索"守绿换金""添绿增金""点绿成金""借绿生金"的工作,推动林草产业高质量发展。

(三)"林农富":坚持生态惠民宗旨

正如生态文明建设的根本目的是要满足人民日益增长的美好生态环境需要,林长制改革的价值导向也必然聚焦于"人"。让广大林农在享有良好生态环境的同时口袋鼓起来、日子好起来,这是林长制改革的最根本的要求。

林长制改革作为一项系统性的改革,归根到底是要用"绿"释放生态红利,让广大林农吃上"生态饭"。"以人民为中心"的价值理念具体体现在林长制改革中,就是把林草资源的保护发展与人民群众的需求紧密结合起来,积极推进生态产业化和产业生态化,通过森林经营、特色产业发展、专项资金投入等,提升森林质量,增加林地产出,扩大基层群众就业,不断满足人民群众对优美生态环境、优良生态产品、优质生态服务的需求。因此,深化林长制改革应当更加突出生态惠民,坚持改革利民,发展产业富民,实现生态美、产业兴、百姓富的多赢目标,让林长制改革绽放出民生改善的幸福之花。

习近平总书记指出:"森林是水库、钱库、粮库、碳库。"这"四库"作用需要充分挖掘和发挥,将林草资源保护同新时期的乡村振兴有效地紧密结合起来。在脱贫攻坚过程中,林长制就已经发挥了重要的作用。统计数据显示:2021 年全国林业产业总产值超过 8 万亿元;油茶面积达到 6800 万亩,带动近 200 万贫困人口增收致富;在全国选聘建档立卡贫困人口生态护林员110.2 万名,组建了 2.3 万个造林种草合作社,带动 2000 多万贫困人口脱贫增收。

在林长制推行的过程中,不少地方"通过股份合作、联合经营等方式流转林地,让林农通过'保底+分红'机制获得收益,真正调动林农积极性、参与度"。更多有实力的社会资本参与进来,有效盘活国有、集体林地资源,较好地实现资源变资本,"活树变活钱、叶子变票子、青山变银山"。同时,很多地方将"森林+"的发展理念融入林长制的责任体系中,有的通过修复森林古道探索"森林+观光"发展模式,有的通过融入当地特色文化元素探索"森林+文化"发展模式,有的通过打造旅游路线探索"森林+休闲娱乐"模式,不仅延伸了森林旅游产业链,而且给当地老百姓带来了实实在在的收益。目前,全国已经形成了一批林业品牌,这些品牌的成功实践使林业真正成为林农致富的"摇钱树"。

三、林长制改革的重大意义

林长制已经在全国全面推行,各地的林长制改革实践也在逐步推进。站在向第二个百年奋斗目标进发的新起点上,深化林长制改革,让林长制发挥出更加强劲的制度力量,是各地必须回答好的生态文明建设领域内的重要时代课题。因此,把握、深化林长制改革的重大意义有利于思想的进一步统一,完成新时代新征程上的责任与使命。

(一)推进新时代新征程生态文明建设制度创新的有效手段

林长制是继河长制、湖长制后,生态文明建设领域的又一制度创新。当前的林长制改革已经通过建立五级责任体系初步构建起林草资源保护发展的长效机制,在实践中也彰显出强大的制度优势,释放出良好的治理效能,但是,林草资源的修复和保护是一个需要长期艰苦努力的过程,不可能一蹴而就。当前,林长制改革取得的阶段性成就同林草事业发展的总体目标相比还有不小差距。因此,在已有基础上进一步探索和实践,进而真正形成依法依规、科学高效、久久为功的制度体系势在必行,也是现实要求。党的二十大报告已经就新时代新征程的生态文明建设,从"加快发展方式绿色转型""深入推进环境污染防治""提升生态系统多样性、稳定性、持续性"以及"积极稳妥推进碳达峰碳中和"这四个方面做出了科学完整的部署。无论是这四个方面的哪一个方面,还是科学开展大规模国土绿化行动、深化集体林权制度改革、推行草原森林河流湖泊湿地休养生息、提升生态系统碳汇能力这些方面,都与林长制改革的进一步推行有着直接的密切的联系。这就需要全国各地在现有基础上加快探索步伐、推动实践进程,在联席会议、信息公开、督查考核、投入保障等一系列制度的健全和完善上取得新的突破和进展,将林长制改革的制度体系构建向着更加系统、更加有力的方向推进,从而为坚持和完善生态文明制度体系做出新的更大的贡献。

(二)提高新时代新征程林草治理体系和治理能力的重要抓手

林长制改革已经初步通过强化党政领导主体责任,分解压实目标任务,建立考核问责机制等举措,形成了上有省领导整体谋划、下有基层林长责任到人的良好局面,在一定程度上确保了山有人管、林有人护、责有人担,实现了以"林长制"促进"林长治"。在各地探索实践的过程中,林草治理体系不断完善,治理能力也得到了相应的提升。换言之,实践已经充分证明,林长制改革能够在林草治理方面发挥积极作用,成为有力抓手。党的二十大报告进一步明确了社会主义现代化国家的远景目标,宣告开启全面建设社会主义现代化国家新征程。这当然意味着,林草治理体系和治理能力必然进一步向着现代化的方向前进,要在治理层面达到更高的时代要求。而林草治理体系和治理能力现代化不仅是一个静态的目标,更是一个从量变到质变的发展过程,是需要在持续不断的林草治理的实践中逐步提升的。因此,林长制改革这一重要抓手理应继续推向深入,特别是聚焦当前林草治理体系还存在的短板缺项,针对当前林草治理能力还存在的弱项不足,开展进一步研究、推动深一层实践,从而更好更快地推动林草治理体系和治理能力现代化的进程,确保林草治理体系和治理能力现代化与社会主义现代化国家建设进程保持一致。

(三)促进新时代新征程林草事业高质量发展的必然要求

党的二十大报告指出,"高质量发展是全面建设社会主义现代化国家的首要任务",强调"发展是党执政兴国的第一要务","没有坚实的物质技术基础,就不可能全面建成社会主义现代化强国"。林草事业同样要以推动高质量发展为主题,实现新时代新征程赋予林草事业发展的新要求新任务。从林长制改革的地方实践来看,以党委领导、部门联动为着力点,以问题导向、因地制宜为关键点,构建党政统筹负责、部门齐抓共管、社会广泛参与的林草发展大格局,是能够有效解决过去很长一段时间内制约林草事业发展的历史难题和重大问题的。在全国层面上全面推行林长制也就是要进一步发挥林长制改革的巨大力量,更好地推动林草事业朝着高质量的方向前进。换言之,林长制改革不是完成时,而是进行时。在进一步把林长制改革推深做实的过程中,各地才能更好地结合地方实际情况继续发现制约林草事业发展的深层次问题并对这些问题进行源头性分析,进而提出真正具有指导性、针对性、可操作性的对策。在这些有益经验的积累的基础上,再形成新一轮的思考和研究,对于解答在新发展阶段加快林草事业高质量发展这一课题是十分重要的依据和支撑。

(四)实现新时代新征程"双碳"目标的有效举措

习近平总书记早在 2014 年 11 月 16 日出席二十国集团领导人第九次峰会第二阶段会议时的讲话中提出了我国"2030 年左右达到二氧化碳排放峰值"的目标,又在 2020 年 9 月 22 日第七十五届联合国大会一般性辩论上的讲话中进一步明确,"中国将提高国家自主贡献力度,采取更加有力的政策和措施,二氧化碳排放力争于 2030 年前达到峰值,努力争取 2060 年前实现碳中和"。实现"双碳"目标是不仅关系到生态文明建设,更关系到经济社会的系统性变革,需要从全方位加以重视并付出努力。党的二十大报告就明确将"提升生态系统碳汇能力"作为积极稳妥推进碳达峰碳中和的一项重要举措。而森林系统作为生态系统中的重要基础组成部分,其碳汇能力的提升对实现整个生态系统碳汇能力提升,进而为实现"双碳"目标做出应有贡献是至关重要的。林长制改革最基础的就是要实现林草资源保护和修复,在深化过程中必然能够搞好森林植物的种、护、管,提高森林的产量和质量,从而更好地利用森林植物的碳汇作用。在新的历史起点上,深化林长制改革可以进一步因地制宜扩大森林面积和科学抚育经营,提高森林的碳汇能力和碳汇增量,可以全面加强森林资源保护,减少碳库损失,可以通过发展林业生物质能源和木竹替代实现生物减排固碳。正是在这一意义上,深化林长制改革能够有效助力"双碳"目标的实现。

在 2022 年首都义务植树活动现场,习近平总书记再次强调:"我们也要看到,生态系统保护和修复、生态环境根本改善不可能一蹴而就,仍然需要付出长期艰苦努力,必须锲而不舍、驰而不息。"同样,林草资源保护和修复,实现量的增长和质的提升也是一项需要"功成不必在我"但"功成必定有我"的事业。2022 年 9 月,《全国国土绿化规划纲要(2022—2030 年)》(以下简称《纲要》)正式发布。《纲要》强调:"要重点做好合理安排绿化空间、持续开展造林绿化、全面加强城乡绿化、强化草原生态修复、推进防沙治沙和石漠化治理、巩固提升绿化质量、提升生态系统碳汇能力、强化支撑能力建设 8 个方面工作,全面推行林长制,充分调动各方力量,通过加强组织领导、严格督导考核、完善政策机制、营造良好氛围等保障措施,协同推进国土绿化。"全面推行林长制改革已经拉开序幕。我们需要在新的历史征程上深入贯彻习近平生态文明思想,不断深化对林长制的认识,进一步积累经验、指导实践,使林长制改革在加快推动林草高质量发展中做出新的更大贡献,用林草之笔绘就生态画卷!

第二章　安徽省林长制改革探索过程

安徽省林长制改革是深入践行习近平新时代中国特色社会主义思想和习近平生态文明思想的重要实践,是推进林业治理体系和治理能力现代化的重要举措,是完善林业体制机制的重大探索创新。安徽省各级党委、政府高度重视、高位推动,各有关部门齐抓共管、协调有力,坚持问题导向,推进制度创新,抓住发展根本,林长制改革实践取得了积极成效。

一、安徽省林业发展基本情况

安徽是我国南方集体林区重点省份,林业在全省国民经济和社会发展大局中占有重要地位。安徽林情主要有三个特点:

(一)自然条件相对优越,生态基础良好

安徽地跨长江、淮河、新安江三大流域,承东启西,连接南北,淮河是我国传统的南北分界线,生态区位重要。安徽地处暖温带与亚热带过渡地区,气候温和,雨量适中,光照充足,水热条件较好,林业发展具有得天独厚的条件。安徽拥有皖南、皖西两大重点林区。安徽省林业局的资料显示,截至

2022年4月,安徽省建立的省级以上自然保护区共40处,包括清凉峰、升金湖、牯牛降等8处国家级自然保护区;省级以上森林公园81处,包括黄山、九华山、天柱山、琅琊山等35处国家级森林公园;52处省级重要湿地,包括升金湖国际重要湿地,巢湖、太平湖、升金湖、石臼湖、扬子鳄栖息地等5个国家重要湿地,一般湿地517处,全省湿地总面积104.18万公顷,占全省土地总面积的7.47%,全省湿地保护率达51%以上;安徽省现有100个国有林场,分布在15个市58个县(市区),其中,市属国有林场12个,县属国有林场88个;林业用地面积449.33万公顷,约占全省土地总面积的三分之一;森林覆盖率30.22%,森林面积417.53万公顷,森林蓄积量2.7亿立方米。

安徽省森林植被水平分布规律明显:淮河以北属于暖温带落叶阔叶林地带,多杨、槐、桐、柏;淮河以南属北亚热带常绿阔叶林地带,多松、杉、栎、竹。动植物种类繁多,生物多样性丰富。全省有陆生脊椎动物550余种,其中国家一级保护陆生野生动物35种、二级保护陆生野生动物90种。扬子鳄作为世界濒危物种,其野生种群仅分布于安徽省境内。全省有维管束植物3640余种,其中国家一级保护植物10种、二级保护植物74种。我省森林植被水平分布相对规律。

(二)林业经济发展迅速,产业特色明显

安徽省特色经济林、木本油料、森林旅游、林下经济等林业新兴产业快速发展,2021年安徽省林业总产值达5092亿元,保持在全国第一方阵。截至2021年底,安徽省现有各类林业经营主体3万多个,其中国家林业重点龙头企业33家,省级林业产业化龙头企业875家、林业专业合作社示范社291个、示范家庭林场205个,省级森林康养基地19家。经国家林业和草原局认定,安徽省已建立9个国家林业示范园区,数量位居全国榜首。同时,安徽省积极做强林业产业集群,加快皖北木质产品综合利用、皖东特色经济林、

皖中苗木花卉、皖西油茶、皖南生态旅游等的发展,着力打造安徽省木竹加工、特色经济林、生态旅游三个千亿元产业,木本油料和苗木花卉两个超500亿元产业。此外,林业营商环境持续优化,2021年安徽省林业招商引资签约项目达182个,投资总额283.59亿元。安徽省已初步形成了苗木花卉、经济林、速生丰产用材林、林产工业、竹产业与森林旅游业六大主导产业,皖东、皖北林产工业,皖南、皖西森林旅游业,皖中、沿江苗木花卉业等特色林业产业带渐成规模。

(三)林业机构逐步健全,保护管理有力

安徽省林业局为省政府组成部门,有内设机构15个。各市和绝大部分县(市、区)设有林业局,《安徽省森林防火规划(2016—2025年)》显示,安徽省共有县级以上森林防火指挥部(2020年调整为森林草原防灭火指挥部)128个,现有林业职业技术学院1所、林业科研院所11个、林业科技推广机构75个、基层林业工作站791个、木竹检查站103个、森林植物检疫站122个(其中专职24个)。安徽省林业执法管理和科技服务组织机构健全,对森林资源的管理、保护比较有力。

虽然安徽省森林资源有一定优势,在全面推进林业改革与发展中取得了明显成效,"绿水青山就是金山银山"的理念已深入人心,全社会护林兴林的意识显著增强,但从总体上看,安徽省森林资源总量不足、结构不优、效益不高的状况仍未得到根本改变,与经济社会发展全面绿色转型区的目标、与人民群众对美好生活的期待相比还有一定差距,迫切需要以制度创新推进森林资源保护与发展,补齐生态短板,筑牢绿色屏障。

安徽省委、省政府为深入贯彻落实习近平新时代中国特色社会主义思想以及习近平总书记视察安徽重要讲话精神,持之以恒推进生态文明建设,并率先在全国探索实施林长制改革实践。

二、安徽省林长制改革实践探索阶段

(一)第一阶段:探索实施阶段

2016年4月,习近平总书记视察安徽时指出,"安徽山水资源丰富,自然风光美好","要把好山好水保护好,着力打造生态文明建设的安徽样板,建设绿色江淮美好家园"。安徽省认真学习贯彻落实习近平生态文明思想和习近平总书记视察安徽重要讲话精神,在全面建设河长制、湖长制基础上,经过深入调查研究和分析论证,安徽省人民政府于2017年发布《中共安徽省委、安徽省人民政府关于建立林长制的意见》,率先在全国探索实施林长制。在合肥、安庆、宣城等地先行试点,落实以党政领导负责制为核心的责任体系,确保一山一坡、一林一园都是专人专管,责任到人。2018年,省委、省政府召开推进会,并出台《关于推深做实林长制改革优化林业发展环境的意见》,林长制改革在全省推进。

到2018年底,省、市、县、乡、村五级林长组织体系,护绿、增绿、管绿、用绿、活绿的"五绿"目标责任体系,以及政策支撑体系、制度保障体系、工作推进体系等基本建立,"一林一档""一林一策""一林一技""一林一警""一林一员"的林长制"五个一"服务平台加快建设,党政同责、属地负责、部门协同、社会参与、全域覆盖的林业保护发展长效机制初步形成。

社会各界密切关注安徽省林长制改革进程,中央全面深化改革委员会办公室、国家林业和草原局对安徽省林长制改革给予全程跟踪指导和分析评价。全国人大将林长制列入正在修订的《森林法》,全国绿化委员会、国家林业和草原局出台《关于积极推进大规模国土绿化行动的意见》,明确提出大力推行林长制。林长制改革被省委、省政府列为安徽改革开放40年标志性牵动性改革之一。2019年1月,全国林业和草原工作会议在合肥召开,现场考察和总结推广安徽省率先实施林长制改革的经验做法,鼓励全国各地深入探索林长制。国家林业和草原局明确提出,要总结推广安徽成功经验,在全国探索实行林长制,这标志着安徽省林长制改革的探索性实践取得了预期成效。

(二)第二阶段:全面推进阶段

2019年3月,省级林长会议明确提出要积极创建全国林长制改革示范区。同年4月,国家林业和草原局同意支持安徽创建全国林长制改革示范区。安徽省委、省政府经过深入调研和充分论证,于当年9月10日印发《安徽省创建全国林长制改革示范区实施方案》,明确将打造"绿水青山就是金山银山实践创新区、统筹山水林田湖草沙系统治理试验区、长江三角洲区域生态屏障建设先导区"作为全国林长制改革示范区建设的目标定位,并确立了创建工作的五大任务。安徽省为扎实推进示范区创建工作,按照分类指导、分区突破、系统集成的原则,全省设立30个林长制改革示范区先行区,确定90个改革创新点,目前已建立省级林长会议成员单位定点联系示范区先行区制度,各示范区先行区明确一名市级林长负责,直接组织和协调推进示范区先行区建设。

2020年是安徽省林长制改革具有重要里程碑意义的一年。2020年8月18日至21日,习近平总书记亲临安徽考察调研,在听取安徽省委工作汇报时,做出落实林长制的重要指示,肯定安徽省林长制改革的创新实践,为深化新一轮林长制改革提供了根本遵循。10月29日,党的十九届五中全会通过的《中共中央关于制定国民经济和社会发展第十四个五年规划和二〇三五年远景目标的建议》明确提出"推行林长制";11月2日,中央全面深化改革委员会召开第十六次会议,审议通过《关于全面推行林长制的意见》。尤其是2021年11月11日,党的第十九届六中全会通过的《中共中央关于党的百年奋斗重大成就和历史经验的决议》明确了建立健全林长制等制度。

(三)第三阶段:深化改革阶段

为认真贯彻落实习近平总书记考察安徽重要讲话指示精神,安徽省委、省政府系统总结安徽省林长制改革和安徽省建设全国林长制改革示范区的实践成果,着力推动林长制改革走深走实。2021 年 3 月 25 日,在安徽省实施林长制改革 4 周年之际,安徽省委、省政府举行深化新一轮林长制改革暨长江、淮河、江淮运河、新安江生态廊道建设全面启动仪式,吹响了安徽省深化新一轮林长制改革的冲锋号。

目前,安徽省深化新一轮林长制改革各项工作正在有序有力推进。

一是组织体系更加严实。安徽省委书记、省长、省委副书记和分管副省长分别担任省级林长、常务副总林长和副总林长,省委常委和其他副省长担任重点生态功能区域省级林长,分别联系一处重点生态功能区域。安徽各地都积极响应,进一步完善责任区林长组织体系。时任安徽省委书记郑栅洁同志深入林区和各类自然保护地调研指导,并多次做出指示批示,部署深化新一轮林长制改革。安徽省省长王清宪同志深入合肥、黄山、安庆、池州等市,现场检查生态保护修复、森林防火、松材线虫病防控等林业重点工作,了解基层林长制改革推进情况,并主持召开省级林长会议,强调全面深化新一轮林长制改革。安徽省委副书记程丽华同志主持召开全省深化新一轮林长制改革电视电话会议,研究指导林长制改革工作,提出明确要求,并以省级林长身份巡林。担任重点生态功能区域省级林长的各省委常委和副省长,积极履职、主动作为,深入重点生态功能区域巡林调研 32 次、批示 36 次,研究解决重点难点问题。2021 年 9 月 23 日,安徽省政协组织召开"深化新一轮林长制改革"专题协商会,组织安徽省各级政协和政协委员深入调研论证,踊跃协商议政和建言献策,并收到有效调查问卷 15.8 万余份,超过 120

万人在线互动,为深化新一轮林长制改革提供调研基础。

二是法治保障更加有力。2021 年 5 月 28 日,安徽省人大常委会审议通过《安徽省林长制条例》,这是全国首部省级林长制地方性法规,自 2021 年 7 月 1 日起施行,实现从"探索建制"到"法定成型"的飞跃。建立省级"林长+检察长"工作机制,推动形成检察监督与行政履职同向发力的林业生态保护新格局。支持政策更加细实。2021 年 7 月 21 日,安徽省委、省政府印发《关于深化新一轮林长制改革的实施意见》,明确了稳定充实基层林业队伍、完善林业基础设施、推进林业科技创新、加强林业人才培养等政策措施。

三是"五绿"内涵更加丰富。安徽着力实施"五大森林行动":将"护绿""管绿"提升为聚焦生态安全保障的"平安森林行动",将"增绿"拓展为科学绿化、提升质量的"健康森林行动",将"用绿"深化为增加固碳能力、实现生态产品价值的"碳汇森林行动"和"金银森林行动",将"活绿"推进为有效市场和有为政府更好结合、生态优势充分发挥的"活力森林行动"。

三、安徽省林长制改革的整体设计

从安徽省林长制改革探索历程可以看到,创建立体式政策支撑体系是基础,搭建全覆盖五级林长组织体系是核心,组建"五绿"目标责任体系是导向,构建全链条的工作推进体系是关键,创建立体式制度体系是保障,搭建林长制理论创新体系是灵魂。通过不断完善安徽省林长制改革的顶层设计,使六大体系环环相扣,形成合力,助推安徽省经济社会发展全面绿色转型。

(一)创建立体式政策支撑体系

为推进安徽省林长制改革,全省共出台多项上下衔接、协同高效的林长制改革配套政策。省级层面出台《关于建立林长制的意见》《关于推深做实林长制改革优化林业发展环境的意见》《关于全面建立林长制"五个一"服务平台的指导意见》《省级林长会议成员单位职责》《安徽省林长制投诉举报办理办法(试行)》等一系列文件来规范林长制改革的运行和日常管理,制定促进林地经营权规范流转、提高森林生态效益合理补偿标准、城镇园林绿化建设、集体林权流转、绿色矿山建设、增强民间资本进入林业领域的积极性和提高林业投融资服务能力的 20 余项配套支持政策。安徽各市、县、乡、村强化政策执行,结合实际制定相关实施意见,推动强林惠林政策落地生效。

(二)搭建全覆盖五级林长组织体系

按照分级负责和属地管理的要求,各级党政主要负责同志签"责任状",管"责任林",挑"责任担",自上而下建立省、市、县、乡、村五级林长制组织体系。省委书记和省长担任省级总林长,省委副书记担任常务副总林长,分管副省长担任副总林长,26 家有关省直单位为省级林长会议组成部门;市委书记、市长担任市级总林长,市委副书记、分管副市长担任市级副总林长,市党委、人大、政府、政协四大班子相关负责同志担任市级林长;县(市、区)级总林长由县(市、区)委书记和县(市、区)长担任,县(市、区)级副总林长由县(市、区)委副书记和分管副县(市、区)长担任,县(市、区)党委、人大、政府、政协四大班子相关负责同志担任县(市、区)级林长;乡(镇、街道)总林长由乡(镇、街道)党委(党工委)书记和乡长(镇长、主任)担任,乡(镇、街道)副总林长由乡(镇、街道)党委、政府分管负责同志担任,乡(镇、街道)党政班子成员及副科级干部担任乡(镇、街道)级林长;村(居)比照乡(镇、街道)林长制组织体系成立相关组织,林长由村(居)党支部书记(主任)担任。安徽省建立完备的五级林长制组织体系,构建"省级总林长负总责,市、县

（市、区）总林长抓督促，区域性林长抓调度，功能区林长抓特色，乡（镇、街道）、村（居）林长抓落地"的工作格局。

省级总林长、副总林长负责组织领导安徽省林业资源保护发展工作，指挥督导林长制的全面实施，协调解决林业资源保护发展中的重大问题；各市、县（市、区）及乡（镇、街道）等的总林长、副总林长负责本行政区域的林长制工作，创新工作机制，推进林长制实施，组织建立部门联动机制，督促、协调有关部门和下一级林长履行职责。

（三）组建"五绿"目标责任体系

安徽省加强自然保护区、林场、森林公园、古树名木和生物多样性保护，实现护绿目标；通过"点—线—面"拓展城乡绿化，通过退耕还林、封山育林、植树造林、退化林修复和森林抚育工程提升森林质量，实现增绿目标；强化破坏林业资源违法犯罪执法力度，筑牢林业病虫害、防火监测体系，实现管绿目标；加强林区基础设施投入，发展林特产品深加工，创建森林旅游和康养产业品牌，把科技成果运用到林业资源管理中，实现用绿目标；提高社会资本和新型林业经营主体的结合度，持续推进以"林业三变"（林业资源变资产、林业资金变股金、林农变股东）为核心的集体林权制度改革，成立林权收储中心为开发林权抵押贷款产品提供托底服务，拓展林业融资渠道，实现活绿目标。

（四）构建全链条的工作推进体系

安徽省在不断完善政策体系、组织体系、目标体系的过程中，为强化落实情况，还不断构建全链条的工作推进体系。以具体内容为导向，安徽省实施"五大工程"建设，包括自然保护地净化工程、生态修复提质工程、信息化管理支撑工程、主导产业升级工程、林权改革深化工程，扎实推进林长制改革走深走实。以配套服务为保障,建立"五个一"服务保障平台,包括"一林一档"的信息管理制度、"一林一策"的目标规划制度、"一林一技"的科技服务制度、"一林一警"的执法保障制度、"一林一员"的安全巡护制度,确保安徽省林长制改革顺利进行。此外,安徽省根据各地市发展现状和特色,分别建立林长会议、督查、考核和信息公开等制度,将责任落实到人。按照上一级总林长负责考核下一级林长的原则,市、县(市、区)因地制宜出台林长制考核评价细则,通过林长制工作督查考核,加强统筹调度,推动形成多部门参与、多元投入的联动机制。林长制办事机构负责实施林长制工作的指导、协调,制定实施林长制的配套制度。通过多方合作,让林业管护体系有特色,林业行政执法有遵循,林业协调配合有力度,打造全链条工作推进体系。

(五)搭建立体式制度保障体系

在推进林长制改革的过程中,安徽省不断探索,创建立体式制度保障体系:一是完善会议调度机制。每年至少开一次林长会议。二是加大投入保障机制。不断加大公共财政对林业的投入力度,同时出台相关配套政策,鼓励社会资本加大对林业建设的投入。三是加强工作督查机制。上级林长部门负责对下一级林长的履职进行监督。四是引导社会参与机制。加强宣传和引导,接受群众监督。五是严格考核问责机制。制定严格的考核问责制度,采取年度考核与日常评价相结合的形式,考核结果与干部综合考核结合,考核办法采用百分制并设置奖励,考核结果分为不合格、合格、良好、优秀四个等级,并将考核结果作为目标管理绩效考核的重要依据。

(六)创建林长制改革理论创新体系

安徽省在林长制改革过程中,不仅在政策体系、组织体系、责任体系、推进体系、保障体系等方面不断完善,而且在持续实践探索的基础上,结合习近平新时代中国特色社会主义思想以及习近平生态文明思想等相关理论,不断完善林长制理论创新体系。安徽省林业局跟中共安徽省委党校(安徽行政学院)联合成立林长制理论研究中心,以问题为导向,以习近平生态文明思想为指引,不断总结林长制改革过程中的经验与教训,逐步形成林长制理论研究创新体系。全面推行林长制是贯彻落实习近平生态文明思想的必然要求。全面推行林长制不仅是践行人与自然和谐共生基本方略的重大实践,也是守住"绿水青山就是金山银山"的根本保障,更是增进生态福祉的民生工程;同时,全面推行林长制是提升林业治理体系和治理能力现代化的客观需要。林长制不仅是确保林业跨越生态文明建设"关键期、攻坚期、窗口期"的有效途径,也是强化生态文明建设党政领导主体责任的必然选择;既是分解压实林业生态建设任务的有效措施,更是落实森林资源保护发展考核问责的机制创新。

理论来源于实践,又不断指导实践。安徽省通过对林长制改革探索实践的持续思考,不断推进林长制理论创新研究,为深化新一轮林长制改革提供理论指导。"五绿"目标和"五大森林行动",正是安徽省林长制理论创新体系不断完善的集中体现,也进一步彰显了习近平生态文明思想在安徽的落地生根。

四、安徽省林长制改革的重点抓手

安徽省林长制改革是林草事业发展进程中的一项全新的改革,它源自实践,在实践中构建责任体系,在实践中形成强大合力,进而在实践中保持改革活力。而在具体实践过程中,安徽省紧抓主要矛盾,从改革难点入手,紧盯主体构建责任体系,统筹各方形成强大合力,尊重基层保持改革活力,使得安徽省林长制改革得以顺利实施。

(一)紧盯主体构建责任体系

安徽省推行林长制改革最为核心的是压实地方各级党委和政府保护发展林草资源的主体责任和主导作用,通过抓住"关键少数"形成"头雁效应",构建林草资源保护发展长效机制。林长制改革的主体责任压实了、主导作用发挥了,最直接的表现就是财政投入林业的资金增加了,森林火灾次数、受害森林面积、直接经济损失等数据都下降了。可以说,推行林长制的过程就是落实责任制的过程,要坚持定责、履责、督责、问责环环相扣,形成闭环。把"责"的文章做深做透,林长制的推行才能全面深入,成效才能明显持久。

从安徽省林长制的探索和实践来看,林长制改革最初聚焦于定责和履责上,也就是让林长们知道自身的责任是什么,应当怎样履行自身责任。因此,在《中共安徽省委、安徽省人民政府关于建立林长制的意见》(以下简称《意见》)中,"工作职责"是十分明确的,那就是:省级总林长、副总林长负责组织领导全省森林资源保护发展工作,承担全面建立林长制的总指挥、总督导职责。市、县(市、区)总林长、副总林长负责本区域的森林资源保护发展工作,协调解决重大问题,监督、考核本级相关部门和下一级林长履行职责情况,强化激励与问责。林长按照分工,负责相关区域的森林资源保护发展工作。乡镇(街道)、村(社区)林长和副林长负责组织实施本地森林资源保护发展工作,建立基层护林组织体系,加强林权人权益保护和责任监管,确保专管责任落实到人。各级林长会议成员单位工作职责,由本级林长会议确定。同时,《意见》还全面指出了加强林业生态保护修复、推进城乡造林绿化、提升森林质量效益、预防治理森林灾害、强化执法监督管理等五项主要任务,对林长的责任范围进行了界定,为林长履职尽责指明了方向。

在定责和履责问题基本得到解决之后,督责问责就显得尤为重要。如果仅靠林长自觉，监督缺位、考核乏力、问责流于形式，林长制就难以落实到位、取得实效。而且，林草资源保护与修复等工作具有较长的周期性，是一项需要接续奋斗、一任接着一任干的事业。为了防止因为林长调动、责任转移而出现计划难以持续、任务难以落地、追责难以落实等问题，需要不断细化制度体系，逐步完善考核问责机制。从这一意义上说，全面的督导考核和问责机制是林长制的关键保障之所在。

首先，安徽省建立了科学的林长制目标考核体系。在目标考核体系中，要体现定性和定量相结合、建设性指标和保护性指标相结合的原则，将考核结果等次化或者分数化。其次，为了确保考核评价的公正性和公平性，可以引入第三方评价机制，包括相关专业机构评价、公众评价、媒体评价等等。再次，充分发挥各方监督作用。如媒体层面可以建立林长制信息发布平台，通过媒体向社会公告林长名单；社会层面可以在责任区域显著位置设置林长公示牌，接受社会监督；第三方层面可以在进行评估后按照年度公布森林资源保护发展情况；等等。最后，用好考核这根"指挥棒"，将考核结果作为安徽省党政领导干部考核、奖惩和使用的重要参考。一方面，通过考核正向激励表扬，促进各级林长更加积极地履职尽责；另一方面，通过考核反向惩处问责，聚焦实际问题并力促真正解决。2022年4月，国家林业和草原局首次组织开展了2021年激励评选工作，安徽省宣城市就被列入国务院激励名单，并被给予资金奖励。需要强调的是，在定责、履责、督责、问责的全过程中，都要注重把握"问题导向、因地制宜"的原则。在推进林长制改革的过程中，要根据实际情况，因地制宜地确定林长的目标任务和考核指标。这样，各级林长在履职尽责的过程中就能够既对自身责任清晰明确、了然于胸，又对完成任务信心满满、干劲十足。

(二)统筹各方形成强大合力

安徽省全面推行林长制,既要建立健全以党政领导负责制为核心的责任体系,也要统筹各方力量,形成党政同责同心、部门通力合作、社会广泛参与的林草事业发展新格局。

一些地方为了经济发展,违法侵占林地草地,破坏森林草原资源;森林草原资源保护与地方政府行政领导职责约束不强,仅靠林草部门往往力不从心。安徽省通过实施林长制,实现了森林草原资源保护从林草部门唱"独角戏"到党政各部门齐抓共管"大合唱"的转变。

党政一把手担任林长,会进一步加大协调、调度和监督的力度,最大限度地整合党委和政府的行政资源,促进部门之间协调配合。这是从国情、林情、草情出发,为切实解决长期制约林草发展的问题而实行的管理改革。通过林长会议、部门联席等制度,由林长牵头,组织多部门共同研究林草事业发展重大问题和重要任务。各级林长抓总纲、压责任,将任务分解到各部门共同抓落实,实现林草资源共管共护。

在推进林长制的过程中,基层生态管护队伍是基础力量,是落实管护责任的源头和载体。落实林长制,实现源头管理,势必要加强基层林草工作力量,这是强化林草基层基础力量的重要契机。目前,安徽省已经建立一支较为强大的生态护林员管护队伍,要充分发挥作用,实行网格化管理。安徽通过建立"一长(村级林长)两员(监管员和专职护林员)"管理体系,能够对破坏森林资源的问题做到早发现、早制止、早查处,实现治理在源头。推行林长制要通过设立各级林长制办公室等方式,加强乡镇林业(草原)工作站的能力建设,严格落实林长制的任务目标和督查考核,确保林草资源保护发展任务在县级以下不断档、不脱节、不空白。

森林和草原是美丽中国、幸福家园的重要组成部分,与每个人都息息相关。生态文明理念将随着林长制的全面推行、全域覆盖而进一步根植人心。安徽省在进行林长制改革的同时,部分地区创新推出系列制度,充分调动社会力量。在各地实践中,一大批乡土专家、民营企业家、林业经纪人主动担任"民间林长",他们的参与能够带动社会面的积极反应,使林草保护成为更为广泛的社会共识。推行林长制还要求建立林长制信息发布平台,接受社会监督。安徽省利用信息化手段开展林草生态综合监测评价,为林草资源保护发展提供信息支撑。这样既能促进林长任务的落实,提高林长制实施的透明度,也可增强和提高公众的政治责任感和生态关注度。

落实林长制的过程就是不断增强林草资源保护力量的过程,也是林草事业改革发展不断向纵深推进的过程。不断完善的制度改革和配套措施,能够推进各种力量聚合与施效,实现共建共护共享绿水青山。

(三)尊重基层保持改革活力

基层是创新的源头活水,是改革千帆竞发、百舸争流的动力之源。林草各项改革要想不断向纵深推进,就必须始终充分尊重基层的首创精神。安徽省集体林权制度改革、国有林场改革、林长制改革都是在基层先行先试,再在全省范围内逐步推开,进而在已有基础上形成一批可推广、可复制的好经验好办法。

实践充分证明,改革终究是人民的事业,改革创新最大的活力发源于基层,鼓励基层改革创新、大胆探索是林长制落地推行的重要方法。激活改革创新活力,最大限度凝聚基层的智慧、人民的力量,才能让林长制改革更加精准地对接发展所需、基层所盼、民心所向。比如,安徽安庆构建"一个责任体系、一套规划体系、一套政策体系、一个地方性法规、一个智慧林业平台和一个科技支撑体系"的"六个一"林长制改革模式,健全和全面提升林业治理体系和治理能力。正是来自基层创新的涓涓细流,才汇聚成林长制全面推行的滚滚大潮。

《意见》对全面推行林长制提出总体要求和基本原则,而并没有对怎么推行、怎么落地提出过多的具体要求,这给地方留足了探索创新和大胆实践的空间。"全面推行林长制,要继续从鲜活的基层实践中汲取智慧,坚持眼睛向下、脚步向下,充分尊重和发挥基层在落实林长制过程中的主体地位和首创精神。要因地制宜,根据不同地区森林草原生态系统的不同特征和问题,分类施策;要开放包容,打破思维定式,与时俱进看问题,改革创新解决问题;要坚守底线,在坚持原则的基础上解放思想,进一步防范风险、压实责任。"

改革不会一蹴而就,制度需要不断完善。"林长制要在实践中不断创新与完善,这是基于实际的方法选择,也是事物发展的根本规律。全面推行林长制,只有充分调动各方面推进改革的积极性、主动性、创造性,促进创新活力竞相迸发、创新成果广泛运用,才能推动林长制全面见效、行稳致远。"林长制改革发源于基层的鲜活实践。广大人民群众的支持、拥护和参与,是推动这项工作做实走深的重要力量。《意见》就此专门做出部署,要求通过宣传等多种办法,调动广大人民群众的积极性。从实际情况来看,基层的生态护林员、草原管护员、"民间林长"等等,都是基层群众参与林长制保护发展的生动实践。对责任区实行网格化管理,每个管护人员都是基层的老百姓,他们广泛参与到林长制保护发展的实践中来,既是管理者,也是监督员。再比如,林长制要求在责任区设置林长制公示牌,这也是鼓励公众参与的一种形式,每个人都可以参与社会监督,为保护发展森林草原资源贡献力量。在激发公民积极性方面,各种媒体既责无旁贷,又大有可为,它们能够发挥自身所长为全面推行林长制工作建言献策,进行监督并给予支持。

第三章　安徽省林长制改革成效与问题

一、安徽省林长制改革取得成效

（一）大规模开展造林绿化，城乡生态环境显著改善

安徽省以"五绿"行动为抓手，全面加快造林绿化步伐，截至 2022 年底，安徽省成功创建了 12 个国家森林城市，包括池州、合肥、安庆、黄山、宣城、六安、铜陵、芜湖、马鞍山、淮北、宿州、滁州市。马鞍山、淮南、淮北、安庆等市荣获"全国绿化模范城市"称号。各地还创建省级森林城市，仅 2021 年就新创建省级森林城市 4 个、森林城镇 58 个、森林村庄 639 个，安徽省创建总数分别达 75 个、802 个、6610 个。

林业增绿增效行动不断推进。全面实施长江、淮河、江淮运河、新安江生态廊道和皖南、皖西两大区域生态保护修复建设工程。《2021 年安徽省国土绿化状况公报》显示，一年来，四条河流沿线两侧各 15 公里范围内共完成造林 28.2 万亩、退化林修复 13.2 万亩、森林抚育 71.3 万亩；皖南、皖西生态屏障建设完成造林绿化 125.6 万亩、退化林修复 47 万亩、森林抚育 513.8 万亩；此外，安徽省还完成义务植树 1.1 亿株（含折算），新建义务植树基地 912

个,安徽省人工造林地块达 27221 处。

生态环境质量显著提升《2021 年安徽省生态环境状况公报》显示,2021 年安徽省 PM2.5 年均浓度为 35 微克/立方米,同比下降 10.3%;PM10 年均浓度为 61 微克/立方米,同比下降 1.6%;SO$_2$ 年均浓度为 8 微克/立方米,同比持平;NO$_2$ 年均浓度为 26 微克/立方米,同比下降 7.1%;CO 浓度为 1.0 毫克/立方米,同比下降 9.1%;O$_3$ 浓度为 148 微克/立方米,同比下降 0.7%。PM2.5 和 O$_3$ 是安徽省城市空气中的主要污染物。如下图所示,2021 年,安徽省平均优良天数比例为 84.6%,同比上升 1.8 个百分点。安徽省 16 个设区市中,合肥、滁州、六安、马鞍山、芜湖、宣城、铜陵、池州、安庆、黄山 10 个市环境空气质量全面达标,如下页图所示,达标城市数同比增加 5 个,其中黄山市空气质量在全国 168 个重点城市排名中由第 5 位上升至第 3 位。安

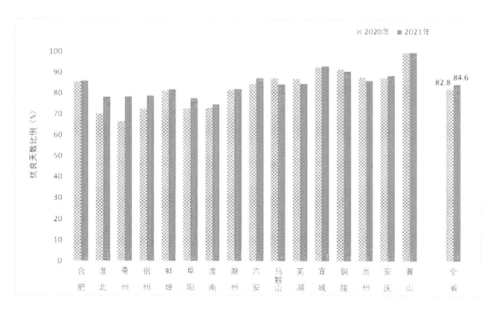

安徽省及 16 个设区市优良天数比例(2020 年、2021 年)

数据来源:《2021 年安徽省生态环境状况公报》

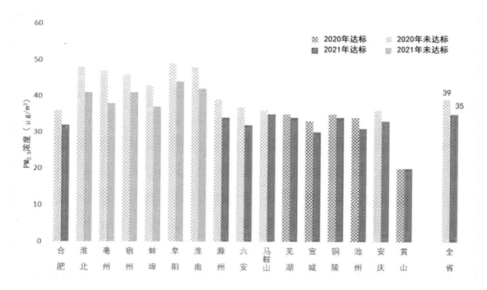

安徽省及 16 个设区市环境空气中 PM2.5 年均浓度(2020 年、2021 年)

数据来源:《2021 年安徽省生态环境状况公报》

徽省空气质量改善不仅超额完成了年度控制目标,甚至达到了"十四五"末的控制目标。PM2.5 年均浓度、空气质量优良天数比例、国家地表水考核断面(以下简称"国考断面")水质优良比例等多项指标均为有监测记录以来最好水平。

(二)全面深化林业改革,保护发展机制实现重大突破

在全国率先建立林长制。在安徽省委、省政府的高度重视和直接指导下,2017 年 9 月 18 日,省委、省政府正式出台《关于建立林长制的意见》,明确提出 2017 年在合肥、安庆、宣城等地先行试点,2018 年在全省推开,建立省、市、县、乡、村五级林长制体系,构建责任明确、协调有序、监管严格、运行高效的林业生态保护发展机制。安徽省人大常委会将林长制写入《安徽省林业有害生物防治条例》和新修订的《安徽省环境保护条例》。2019 年,安

徽省创建首个全国林长制改革示范区,林长制被写入新修订的《中华人民共和国森林法》,安徽省林长制改革入选中央全面深化改革委员会办公室 2019 年十大案例。2020 年 8 月,习近平总书记深入安徽考察调研,做出落实林长制的重要指示。2020 年 12 月,中共中央办公厅、国务院办公厅印发《关于全面推行林长制的意见》,这标志着安徽林长制改革被推向全国。2021 年,安徽省开始实施深化新一轮林长制改革,启动"五大森林行动",探索创建黄山国家公园,建立以国家公园为主体的自然保护地体系。

国有林场改革如期完成。2016 年,安徽省委、省政府印发《安徽省国有林场改革实施方案》,紧紧围绕保护生态、保障民生两大目标,积极稳妥地推进国有林场改革,如期完成了各项目标任务,安徽省国有林场重新焕发生机,生态保护职责全面强化。原有 141 个国有林场整合重组为 100 个,其中 97 个为公益性事业单位,3 个为公益性企业,共核定事业编制 4500 名,编制人数压减 45% 左右。国有林场相应的体制机制逐步建立,富余职工得到妥善安置,人员、机构经费被纳入同级财政预算。林场职工年工资收入较改革前人均增加 1.5 万元左右;林场职工养老保险和医疗保险实现全覆盖。安徽省国有林场改革已顺利通过省级评估验收,达到了预期目标。根据国家统计局安徽调查总队第三方评估调查,安徽省国有林场职工对改革的支持度达 98.89%,对改革成效的满意度达 86.53%。2022 年初,安徽省林业局又出台《安徽省国有林场发展"十四五"规划》,这是安徽省全面完成国有林场主体改革任务后出台的首个发展规划,为今后一段时间内安徽省 100 个国有林场未来的发展指明了方向。

集体林权制度改革不断深化。安徽省集体林权制度改革起步较早,早在 2006 年就进行了新一轮的集体林权制度改革,先期选择黄山市、宁国市、蚌埠市怀远县、滁州市南谯区四地为试点区域。2007 年,安徽省委、省政府出台《关于全面推进集体林权制度改革的意见》,集体林权制度改革工作进一步向纵深推进。2010年底,安徽省基本完成了集体林改的确权发证任务。安徽完成集体林权勘界面积5291万亩,林地确权发证到户率为91.73%,颁发林权证286.56万本。2017年,省政府办公厅印发《安徽省人民政府办公厅关于完善集体林权制度的实施意见》,全面深化安徽省集体林权制度改革工作。在相关政策引导下,安徽省集体林权制度改革不断深化,成果显著,主要表现在以下几个方面。生态效益逐步显现:林权制度明晰,调动了林农、企业等社会主体造林育林的积极性,推动了安徽省森林资源培育事业的发展,加快了森林资源的增长进程,安徽省森林面积已达6262万亩,森林蓄积量超过2.7亿立方米,森林覆盖率超过30%。经济效益凸显:集体林权制度改革,确权到户,改善林权治理结构,确定林业经营者主体地位,加快推进集体林地"三权"分置和"三变"改革,集体林业良性发展机制初步形成,经营管理水平不断提高。充分调动社会力量经营林业的积极性,提高林业经营效率,促进林业经济增长,林业的产业结构趋于合理,同时促进了林农增收。截至2021年底,安徽省级林业产业化龙头企业达875家,林业总产值达5092亿元,继续保持在全国第一方阵。2021年,安徽省林业招商引资签约项目达182个,投资总额约284亿元,其中合肥苗木花卉交易大会作为林业"双招双引"的重要平台,现场集中签约合作项目投资总额达108.3亿元。社会效益方面:集体林权制度改革为农村剩余劳动力提供了可能的就业途径,改善农村劳动力就业状况,促使林区社会稳定和谐,促进农村民主建设。同时也促使"绿水青山就是金山银山"的理念更加深入人心,促进了习近平生态文明思想跟安徽具体实践深度融合。党的二十大报告中明确提出"深化集体林权制度改革",未来我们还将进一步深化集体林权制度改革。

"2021 中国·合肥苗木花卉交易大会"现场

（三）加快提升管理能力，林业资源保护全面加强

安徽省林业发展"十三五"规划设置的森林覆盖率、林木绿化率、林地保有量、森林面积、林木总蓄积量、森林蓄积量、湿地保有量、濒危动植物种保护率、森林火灾受害率、林业有害生物成灾率等 10 项约束性指标目标任务全面完成。

代码	指标属性	指标名称	规划值	完成值	综合评估结论
A1	约束性	森林覆盖率（%）	>30	30.22	完成
A2	约束性	林木绿化率（%）	35	35.2	完成
A3	约束性	林地保有量（万公顷）	443	449	完成
A4	约束性	森林面积（万公顷）	415	417.53	完成

续表

代码	指标属性	指标名称	规划值	完成值	综合评估结论
A5	约束性	林木总蓄积量(亿立方米)	3.1	3.1	完成
A6	约束性	森林蓄积量(亿立方米)	2.7	2.7	完成
A7	约束性	湿地保有量(万公顷)	104.18	104.18	完成
A8	约束性	濒危动植物种保护率(%)	95	95	完成
A9	约束性	森林火灾受害率(‰)	<0.5	<0.5	完成
A10	约束性	林业有害生物成灾率(‰)	<6	<6	完成

安徽省"十三五"林业主要目标指标完成情况

森林资源管理日益规范。初步建成安徽省林地"一张图",严格林地用途管制和定额管理,实行使用林地审查联席会议制度、现场查验制度,保证了重大基础设施、公共事业和民生工程等建设项目用地需求。全面停止天然林商业性采伐,累计下达天然林停伐补助和管护资金2.55亿元。建成安徽省森林资源管理"一张图"。据初步测算,安徽省森林覆盖率超过30%,比"十二五"末提高1个多百分点;森林面积达6262万余亩,比"十二五"末增加252万余亩;森林蓄积量达2.7亿立方米,比"十二五"末增加0.48亿立方米,实现了森林面积、蓄积量双增长。严格实行森林采伐限额管理,进一步加强古树名木保护和树木移植管理,天然大树进城现象得到遏制。

湿地保护修复取得突破。安徽省不断健全湿地保护修复制度,开展湿地资源调查,实施一批湿地保护修复工程,修复湿地2万公顷,退耕还湿0.83万公顷。安徽省先后颁布《安徽省湿地保护条例》《安徽省湿地保护修复制度实施方案》等法规制度,依法加强湿地保护,安徽省湿地保护率达51%。

林业防灾减灾能力大幅提升。《安徽省森林防火规划(2016—2025

年)》实施以来,安徽省森林防火基础设施建设和装备建设明显加快,责任、信息和救灾三个体系建设全面加强,森林火灾损失明显下降。《安徽省森林防火"十四五"规划》显示,"十三五"期间,安徽省已建设各类林业视频监控点717个、县级以上森林防火物资储备库207座,储备各类扑火机具20余万件,为扑救森林火灾提供了物质保障。与"十二五"期间相比,发生森林火灾次数下降了55.17%,受害森林面积下降了74.8%,未发生一起重、特大森林火灾和人员伤亡事故,年森林火灾受害率均控制在0.5‰目标以内。

二、安徽省林长制改革特色经验

五年多来,安徽省林长制改革稳步推进,取得显著成效,得到中央领导和全国各界的充分肯定,获得社会广泛赞誉。安徽省林长制改革特色经验集中体现在"五个结合"上:理论指导与实践探索相结合是根本保证,目标导向与价值追求相结合是基本原则,生态优先与绿色发展相结合是重要路径,顶层设计与基层创新相结合是关键举措,高位推进与部门联合相结合是基础保障。

(一)根本保证:习近平生态文明思想指导与安徽省实践探索相结合

林长制是一种新的制度安排,强调党政领导在林业治理中的责任,其有着坚实的理论基础和思想指导——习近平生态文明思想。党的十八大以来,以习近平同志为核心的党中央高度重视生态文明建设,提出一系列新理念新思想新战略。习近平总书记多次强调要重视生态环境保护和林业工作。安徽省委、省政府在认真学习领会党中央战略部署的过程中,努力用理论指导实践,相继实施了千万亩森林增长工程、国有林场改革、林业增绿增效行动,安徽省林业工作得到进一步发展。

在林长制改革实践探索过程中,安徽省一直以习近平生态文明思想为指引,坚持党对生态文明建设的全面领导,落实以党政领导负责制为核心的责任体系,省委书记、省长担任省级总林长;坚持生态兴则文明兴,用历史唯物主义的观点看待林长制改革中的困难与波折,正确处理好林业保护与经济发展的关系;坚持人与自然和谐共生,用马克思主义自然观来正确认识人与自然的关系,从而指导林长制改革实践;坚持"绿水青山就是金山银山",在林长制改革实践中,不断探索建立健全林业生态经济体系,加强林业碳汇经济、林业碳票以及林业价值实现路径等的试点工作,积极探索林业产业生态化和林业生态产业化;坚持良好的生态环境是最普惠的民生福祉,人民对美好生活的需求是安徽省林长制改革的出发点和落脚点;坚持绿色发展是发展观的一场深刻革命,以林长制改革为重心,加速安徽省经济社会发展绿色转型力度;坚持统筹山水林田湖草沙系统治理,各级林长牵头谋划林业保护发展,充分释放林业的生态效益、经济效益和社会效益;坚持用最严格制度最严密法治保护生态环境,安徽省紧抓"制"的保障,推进林长制工作制度创新,坚持依法改革,加强制度建设,把林长制改革纳入法治化轨道;坚持把建设美丽中国转化为全体人民的自觉行动,加大宣传,让习近平生态文明思想以及林长制改革深入人心,形成共护共建共享的氛围。

安徽省林长制改革不仅是习近平总书记视察安徽重要讲话的具体落实,也是习近平生态文明思想指导下的实践探索。林长制改革成功实践不仅论证了习近平生态文明思想的科学性和实践性,而且是对马克思主义自然观中国化时代化的进一步拓展。理论指导与实践探索相结合是安徽省林长制改革成功实践的根本保证。

(二)基本原则:和谐共生的目标导向与共同富裕的价值追求相结合

打造安徽经济社会发展全面绿色转型区,建设人与自然和谐共生的现代化,是安徽省开始深化新一轮林长制改革的目标所在,通过坚持生态优先绿色发展,不断推进林业治理体系与治理能力的现代化,以满足人民对美好生活的向往,扎实推进共同富裕。

建设人与自然和谐共生的现代化是新一轮林长制改革的目标之所在。党的十八大以来,我国生态文明建设发生历史性、转折性、全局性变化,进入新的发展阶段。在全球气候问题越发严峻,碳达峰碳中和成为国际社会共识的背景下,我国生态文明建设将以减污降碳为重心。站在人与自然和谐共生的高度来谋划推进林长制改革,不仅有利于安徽省生态环境的改善,做到林业高质量发展与高水平保护相统一,努力建设人与自然和谐共生的现代化,而且有利于安徽省森林碳汇行动的开展,增强林业生态产品供给能力和林业碳汇能力,提升林业高质量发展水平。

扎实推进共同富裕是新一轮林长制改革的最终价值追求。保护环境是为了人民,发展经济也是为了人民,民生是人民幸福之基、社会和谐之本,共同富裕历来是中国人民的价值追求。新时代共同富裕体现了中国特色社会主义的本质要求,包括物质文明、政治文明、精神文明、社会文明、生态文明发展水平,它的重点是缩小地区差异、城乡差异和收入差异。林长制改革不仅有利于生态共建共享,而且有利于收入公平,加速绿水青山向金山银山转化。如,创新经营模式,盘活集体林地资源,建立林地股份制经营机制;推动林业金融创新,拓宽森林保险范围;建立健全生态产品价值实现机制,完善生态补偿机制,探索建立生态系统生产总值的考核激励机制,推动林业产业高质量发展等,实现乡村振兴,缩小城乡收入差异,扎实推进共同富裕。

构建人与自然和谐共生的现代化是实现共同富裕的重要前提和坚实基础,要以绿色发展理念引领共同富裕。林长制改革既是实现人与自然和谐共生的现代化路径之一,也是扎实推进共同富裕道路中不可避免的途径。将人与自然和谐共生的现代化目标导向与共同富裕的价值追求相结合,这是林长制改革成功实践的基本原则。

（三）重要路径：强理念的生态优先与高质量的绿色发展相结合

党的二十大报告明确指出，"大自然是人类赖以生存发展的基本条件。尊重自然、顺应自然、保护自然，是全面建设社会主义现代化国家的内在要求"；同时要求，"必须牢固树立和践行绿水青山就是金山银山的理念"，"坚持山水林田湖草沙一体化保护和系统治理"，"推进生态优先、节约集约、绿色低碳发展"。

安徽省在林长制改革过程中一直秉承生态优先，以林业保护修复为主。安徽省在维护生态安全的同时，强化将绿水青山成功转化为金山银山，积极推进生态产业化和产业生态化，切实将生态优势转化为经济优势，实现生态惠民、生态利民、生态为民。

生态理念淡化问题是林长制改革首先必须正视的现实，也是最难最需解决的"最先一公里"的难题。因此，安徽省在林长制改革中，坚持"林"为重点、"长"为核心、"制"为关键，以省、市、县、乡、村五级林长体系全力破解全社会生态理念淡化问题。安徽省共设立五级林长5.2万余名，各级林长全面贯彻新发展理念，保持战略定力，实行属地负责制，属地内重大事项由林长决策、协调，将五级林长的工作重心凝聚在生态文明优先建设这个中心点上，从完善生态资源管理体系入手，做好生态资源保护发展，再到推动生态资源多效利用，不断推动林长制各项工作走深走实、见行见效，努力以"绿色发展"绘就浓厚的生态优先底色。如，全面实施长江、淮河、江淮运河、新安江生态廊道和皖南、皖西两大区域生态保护修复建设工程，以大工程大项目为带动，引导社会力量、社会化资本参与生态保护修复。在"四廊两屏"建设牵引下，2021年安徽省共完成造林182万亩、森林抚育605.1万亩、退化林修复80.8万亩。

在谋划林业保护和修复的同时,统筹山水林田湖草沙系统治理,让荒山变绿山、绿山变金山。坚持绿色发展,老百姓也由过去"卖树木"转变为"卖生态",将林业生态资源转为生态农业、生态旅游等生态经济的优势。林业营商环境持续优化。健全"一站式""一窗口""一次性""一网通"涉林政务办理制度;常态化精准开展林业"四送一服",鼓励林业科技特派员创新创业,推进"一周一技"在线科技服务和线下技术指导。比如举办"2021中国·合肥苗木花卉交易大会",组织开展线上线下林业发展成果展示和"双招双引",吸引全国1200多家企业和13.7万人前来参展和投资贸易洽谈,现场集中签约合作项目投资总额达108.3亿元。绿色富民产业快速壮大。安徽省现有各类林业经营主体3万多个,其中国家林业重点龙头企业33家、省级林业产业化龙头企业875家、林业专业合作社示范社291个、示范家庭林场205个、省级森林康养基地19家。据统计,安徽省林业总产值达5092亿元,继续保持在全国第一方阵。林业碳汇交易成效初显。稳步推进林业碳汇项目建设和计量监测工作,积极探索林业碳汇交易。安徽省森林生态系统的固碳总量达32980.54万吨,其中,森林碳储量1.5亿吨,森林土壤碳储量1.7亿吨。2021年,安徽省完成林业碳汇交易19585.69吨,实现交易金额85.21万元。

良好的生态环境是最普惠的民生福祉。安徽省一直以习近平生态文明思想为指引,坚持生态优先,把林业资源保护修复放在首位,并积极探索绿水青山转化为金山银山的路径;坚持绿色发展,强调在保护中发展、在发展中保护,取得较好的成效,实现经济效益、生态效益与社会效益的统一。这也是安徽省林长制改革成效显著的重要路径。

(四)关键举措:试点先行的顶层设计与推深做实的基层创新相结合

安徽省林长制改革卓有成效的关键举措是,在进行顶层设计时注重试点先行,在先行先试中结合基层创新探索,不断推深做实,使得各地区在林长制改革具体落实过程中,既有改革发展的目标与方向,又可以根据各地区具体实际因地制宜创新发展,最终得以向全省乃至全国推广。

安徽省提出探索建立林长制后,在合肥、安庆、宣城试点先行,不久出台《中共安徽省委、安徽省人民政府关于建立林长制的意见》,提出建立林长制的指导思想、目标要求和基本原则,并对建立林长制的组织体系、主要任务和保障措施进行分析,为安徽省建立林长制提供指导意见。以改革试点中存在的问题为导向,2018年出台《关于推深做实林长制改革优化林业发展环境的意见》,提出针对公益林补偿标准偏低、林权融资难、林地经营权流转难、林区道路交通等基础设施建设滞后、社会资本参与林业建设积极性不高等问题,提出进一步完善的政策措施,林长制改革逐步在全省范围推开。在成功实践的基础上,2019年出台《安徽省创建全国林长制改革示范区实施方案》,全省设立30个林长制改革示范区先行区,确定90个改革创新点,不断总结改革示范经验,并在全国开展推广。2021年,《安徽省林长制条例》正式施行,这是全国首部省级林长制地方性法规,使得安徽省林长制改革有法可依,从法律层面保障林长制改革。随后,安徽省委、省政府出台《关于深化新一轮林长制改革的实施意见》,更为细致地明确了完善林长制改革的相关政策措施。

除了省级层面出台的指导性政策文件外,安徽省各地区也结合实际,不断将林长制改革推深做实,积极探索各自的创新发展路径,将林长制改革推向深化阶段。具体的举措:在绿化工程方面,积极构建点上绿化成景、线上绿化成荫、面上绿化成林、环上绿化成带的网络化绿化体系;进一步加大集体林权制度改革力度,探索开展林地预期收益权质押贷款,推进林权收储担保、公益林补偿收益权质押贷款,扩大林权抵押,促进融资兴绿活林;等等。

各地紧密结合实际,突出抓重点、补短板、补弱项,强化政策、项目、资金支持和示范带动,林业工作举措更加精准务实。合肥市以项目带动林业投资建设,形成"项目化模式",取得良好成效;蚌埠市实行"一林一案",编制重点生态区域保护发展规划,并根据林业阶段性任务发送林长工作"提示单";滁州市对森林资源保护发展实行网格化责任管理;等等。此外,还形成安庆市"六个一"模式、宣城市林地股份制经营、全椒县薄壳山核桃产业集群发展等50余个典型案例,其中,"推动共建长三角一体化林长制改革示范区"入选长三角一体化发展实践创新案例。宣城市完成安徽省第一单线下林业碳汇交易;黄山市通过江南林业产权交易所完成第一单线上林业碳汇交易;滁州市印发了《滁州市"一村万树"碳汇森林行动助力乡村振兴暨"低碳生活 文明滁州"行动方案(试行)》,率先在安徽省探索林业碳票交易机制。

在先行先试基础上,不断修正、不断完善、与时俱进的顶层设计方案确保了安徽省林长制改革始终沿着正确的方向前进,因地制宜、因城施策的基层创新充分激活了各地区林业发展潜力。顶层设计与基层创新相结合,是安徽省林长制改革顺利开展的关键举措。

(五)基础保障:自上而下的高位推进与横竖到边的部门联动相结合

安徽省林长制改革之所以成效快、效果好,其中重要原因就是安徽省委、省政府自上而下的高位推进做到有序有力有效,省、市、县、乡、村各级各部门的联动配合做到按时按质按量,从而多方发力多措并举,形成合力,使得林长制改革政策能够落地生根,得到高效顺利的推行。

安徽省建立林长制后,由省委书记和省长担任省级总林长,自上而下地推广,建立了总林长召集主持,组织、宣传、林业、财政等成员部门参与的各级林长制会议制度。总林长亲力亲为,深入林区、自然保护地、湿地调研指导,并多次做出指示批示,谋划和部署深化新一轮林长制改革。省委副书记担任常务副总林长,全程调研指导和督促推动林长制改革。担任重点生态功能区域省级林长的省委常委、副省长,积极履职、主动作为,研究解决重点难点问题。建立起省、市、县、乡、村五级林长组织体系,健全以党政领导负责制为核心的林业生态管护机制。从高位推进,一张蓝图绘到底,一任接着一任干,使得安徽省林长制改革呈现出进展快、步子稳、效果好的局面。

高位推进的同时,结合部门联动,解决多头治理权能碎化问题。安徽省出台林长制会议制度、督查制度、考核制度、信息公开制度和协作制度等林长制配套制度体系,建立了"林长+检察长+N"工作协作机制,31个省级林长会议成员单位及市、县两级林长会议成员单位进行细致具体的职责分工,在政策策划、宣传引导、项目支持、资金投入、监督考核等方面提出履职尽责的具体安排与内容,形成了各部门协调解决重大事项的良性互动。省级林长会议成员单位主动服务林长制改革示范区先行区建设,协调解决问题,提升建设成效。有关成员单位严格落实重点生态功能区域省级林长分工方案,协助省级林长开展巡林调研相关工作,协调推进区域森林资源保护管理重点工作任务落实。省委宣传部组织各级主流媒体和新媒体开展系列报道,全方位多角度宣传林长制改革,营造良好的舆论氛围。部门协调联动的格局逐渐形成,从林业部门"小马拉大车",变成各级各部门"各上一道菜,共办一桌席",各部门各司其职、各负其责,齐抓共管、形成合力。

高位推动和部门联动相结合,促使大家共同在林业生态保护上聚焦用力,做到一张蓝图大家绘,形成同心协力、齐抓共管的良好局面,这也是安徽省林长制改革顺利实施的动力来源和系统保障。

总之,通过梳理林长制改革探索历程及具体举措,我们可以看到,安徽省在实施林长制改革过程中,始终以习近平新时代中国特色社会主义思想为指引,深入贯彻落实习近平生态文明思想,完全与高质量的中国式现代化建设、共同富裕国家战略、国家治理体系与治理能力现代化的要求相契合。

安徽举全省之不懈努力,形成了"五大相结合"的可复制可推广经验,进一步彰显了安徽省林长制改革的领头雁作用,为生态文明现代化建设贡献了安徽力量。

三、安徽省林长制改革中的问题与不足

在取得成效的同时,我们也应该清醒地看到,在深化新一轮林长制改革过程中,安徽省还有堵点需要打通,还有难题需要破解,仍需要钉紧抓实、持续推进。

(一)林业生态资源管护能力有待提升

1.生态安全监管有待完善

在机构改革过程中,安徽省将自然保护区、风景名胜区、水利风景名胜区、地质公园等保护地全部划转林业部门管理,充分体现了中央和省委对推进山水林田湖草沙系统治理的坚定决心,也对林业工作提出了新的更高要求,而自然保护地重叠设置、边界不清、权责不明等历史遗留问题十分突出。在机构改革过程中,安徽将部分县(市、区)林业部门与自然资源部门合并,对林业队伍进行了重新组合,对人员进行了适度调整。森林公安管理体制调整,整建制划转公安部门,业务上接受林业部门指导,虽然职能保持不变,基层森林公安架构和力量布局保持基本稳定,但由于林业部门没有专门的执法机构,很多处于萌芽状态的森林案件不能及时得到查处和遏制,给森林资源监管和生态环境保护带来一定的安全隐患和不利影响。此外,森林资源数据不能实现动态监测是安徽省各地都存在的问题,无法精准掌握森林资源状况,就无法提供森林资源目标责任制考核、林长制考核、离任审计以及产业发展决策的有效依据和支撑。虽然现在正在构建完善林地"一张

图"，并将林地变更调查作为"一张图"的基础性工作，以提高森林资源现状数据调查的可靠性，但信息化全覆盖监管手段还不够，变更数据上报容易失真、熟练掌握有一定难度、人员和经费投入不足等原因导致动态监测面临困难。这些问题也给林业监管带来巨大挑战，迫切需要林业部门加强管理，优化整合，提升履职能力，加大生态安全监管的力度。

2. 林业建设过程中人才制约严重

林业建设过程中人才制约问题一直长期存在，基层林业部门人才队伍年龄老化，学历层次偏低。安徽省国有林场职工中 40 岁以下的不足 5%，初中及以下文化程度的超过一半，技术力量后继乏人，断档日趋严重，森林资源可持续经营人才稀缺。受各种现实因素的影响，林业高等院校毕业生不愿意到基层林业生产岗位就业，或者不能长期扎根林业基层工作岗位。林业部门，特别是县、乡镇林业站作为政府部门，为数不多的专业人员经常被安排做其他工作，导致林业部门的基层技术力量十分薄弱。再加上新一轮乡镇机构改革后，基层林业站撤并现象普遍存在，原独立办公的乡镇林业站被取消，以致林业岗位人员不稳定、职责不清、上下工作不协调。

3. 林业科技支撑力量薄弱

目前，由于大众对林业科技发展的重要性与紧迫性认识不足，很多地方政府对于发展林业科技还是停留在口头层面，在科技推广机构的建设上，相应的技术经费以及技术人员的费用支出等并没有到位，这导致林长制建设过程中联合产学研开展技术攻关的力量相对滞后，尤其是基层林业生产过程中出现的问题急需科技支撑。现有基层林业生产岗位人员对林业新知识、新技术知晓程度低，如"林地一张图"建设中需要应用到的摇杆、地理信息系统等技术，熟练应用的技术人员少。现在国家每年都要进行林地信息更新，该项任务很多县市都交由中介完成，消耗大量投入，有时质量还得不到保证。

林业产业,包括花卉苗木、经济林、木材及家具制造、种养结合、休闲观光、餐饮旅游等各个行业,都需要技术支撑,没有技术和人才的发展是不可持续的。林业科学技术研究人员和机构很少,导致现在的林业企业一才难求。近两年,大别山区、皖南山区林业项目在脱贫攻坚中发挥出了重要作用,如发展油茶、山核桃、中药材等高效经济林项目。但安徽省的油茶、中药材及林下经济产品缺乏精深加工,没有拳头产品,知名品牌寥寥无几,林业资源的开发利用和宣传营销都缺乏力度。

(二)林区保护发展配套建设有待完善

1.国土绿化面临新挑战

林长制改革以来,虽然安徽省国土绿化方面取得很大成绩,森林覆盖率超过30%,但是随着安徽省生态文明建设的进一步深入以及"三地一区"更高目标任务的提出,国土绿化面临新的挑战。首先,安徽省林地总体布局比较分散,单体规模偏小。《安徽省国有林场发展"十四五"规划》显示,全省国有林场面积只占全省林地面积的7%;单个林场规模偏小,最大的不足1.1万公顷,最小的经营面积仅0.01万公顷。成片林地上造林的空间越来越小,但是林地以外的"四旁四边"和农田林网仍然存在"应绿未绿"问题,皖北地区的森林覆盖率仅约10%,缺林少绿与林业用地紧缺矛盾并存。其次,森林资源总量不大,质量效益不高。《安徽省国有林场发展"十四五"规划》显示,全省国有林场森林蓄积量约占全省森林蓄积量的7.6%,树种结构和林龄结构不合理,尤其是乡村树种结构不合理,过于园林景观化,优良乡土树种比例下降,树种多样性缺失,单位面积林分蓄积量低于全国平均水平。虽然国道、省道等道路沿线林网建设标准较高,但偏远地区及行政区域交界处林网空当较多,缺棵断带现象较多,林带不齐、林相不整、林龄老化的残缺林网普遍存在。此外,生物防控依然任务艰巨。虽然安徽省松材线虫病快速扩散态势得到初步遏制,但是依然存在很大隐患,当前正值松材线虫病病死木集中除治关键期,有害生物防控压力巨大。党的二十大报告中强调"科学开展大规模国土绿化行动",过去那种"不愁在哪植""植什么"的时代已经过去,对用地规划、树种选择、技术标准、质量管理的科学绿化要求越来越高,国土绿化面临更高要求。

2. 林业基础设施建设有待完善

由于林区山高路险,道路、电力、管网等基础设施建设成本高、难度大、维护更新难。《安徽省国有林场发展"十四五"规划》显示,全省国有林场林道通行困难约3000公里,需改造升级电网超过2000公里,管护区(点)危旧房有6万多平方米。林区基础设施建设滞后、配套服务不完善将降低良好生态环境对人们的吸引力,减少生态旅游客源。从安徽省目前的情况来看,除了一些著名的景区外,大多数林区的基础设施落后,交通、网络、生活等设施严重不足。由于自然地理条件制约,安徽省仍有一些管护点不通电、不通公路、无手机信号,甚至吃水困难。此外,安徽省很多林区远离城镇,地广人稀,林业基础设施建设缓慢,导致道路不通畅,人工成本、物流成本很高。比如发展经果林、毛竹、林下经济等,要想获得较高收益,除了高品质以外,还需要达到一定的规模,而林业生产运输机械难以进入山林,很多体力劳动无法用机械取代,导致休闲养生、生态旅游、林下种植养殖等林业投资项目建设难度更大、资金回收周期更长、市场风险增多,严重制约林业生态经济的发展。林区基础设施落后,林业机械化、自动化难成为制约林业发展的重要因素。

(三)林业碳汇交易体系建设有待加强

碳汇监测技术门槛高。在国家碳排放权交易市场,可参与碳排放权交易的林业碳汇量,均是基于对森林采取培育措施产生的碳汇"增量",并非森林自身碳汇"存量"。受地理位置、坡度、海拔、光照、降水、树种、林分结构等多种因素影响,以及受极端天气等不确定因素干扰,以现有林业技术鉴别碳汇真实"增量",基层难以实现。此外,碳汇林计量检测研究中,尚未建立起针对不同树种的碳汇计量模型,无法对碳汇林的营造工作进行全面指导。

碳汇交易市场门槛高。目前国内碳交易市场存在入市环节多、核证机构少、上市耗时长的问题。全国林业碳汇核证大市场,总体核证服务机构过少,形成了市场窄边入口。在林业碳汇项目入市流程中,有一个较长时间的成效监测期,项目入市耗时最快约18个月。此外,市场第三方开发费用也比较高。目前,国内林业碳汇项目开发,不论涉及面积多少和林分种类如何,项目开发第三方服务费用起步价为15万元,这导致大部分林权分散到户的南方集体林区,因面积小、成本高、收益有限,被市场交易的隐形门槛排除在外。此外,碳汇相关宣传工作仍需大力开展,目前的群众知晓度还较低。

林业碳汇配套政策还有待完善。林业碳汇项目开发限制条件较多,有的技术规则指导性、操作性不强,有待细化、完善和调整。目前碳交易市场中主要是"碳排放配额"交易,企业使用林业碳汇抵消自身排放量还在试点探索阶段,交易量占市场份额较小。

(四)生态产品价值实现路径有待畅通

缺乏统一的林业生态产品核算评价体系。目前,安徽省林业生态产品核算评价体系尚未实现统一,"量化标准"缺乏,价值实现的"转化通道"亟待畅通。集体林权制度改革解决了确权发证问题,但是配套改革尚未到位,林权流转管理服务体系不健全,适度规模经营推进不够快,集体林综合效益还不够高。

生态产品价值实现市场不完善。虽然安徽省林业产业规模不断壮大,但尚未形成完整完备的产业化链条,市场竞争力不强,受市场波动影响较大,缺乏全国或者地方知名品牌。同时,由于缺乏龙头企业带动,各个企业分散经营,规模相对较小,资源利用率较低,管理水平不高,对林产品的加工多是技术含量较低的初级加工,产品附加值有限,对经济社会发展的带动作用有限。此外,林业财政金融税收等激励机制不强,很难调动市场积极性。

生态补偿机制还有待完善。第一,安徽省不管是退耕还林工程、天然林保护工程,还是生态公益林保护,这些森林生态效益补偿都是以政府公共补偿的模式进行,补偿模式单一。第二,补偿标准不够科学。安徽省各地区林业自然资源情况不一,有些地区的森林利用率低,而有些人口密集的地区森林利用率高,但是在制定补偿标准时并没有考虑到差异性。第三,生态补偿标准偏低,国家级公益林国有和非国有的补偿标准分别为 10 元/亩、16 元/亩。省级公益林国有和非国有的补偿标准,安徽分别为 15 元/亩、17 元/亩,浙江分别为 33 元/亩、40 元/亩,湖南分别为 15 元/亩、18 元/亩,福建分别为 22 元/亩、22 元/亩。第四,补偿渠道单一,主要是政府投入,市场化、多元化补偿机制尚未形成。安徽省在森林生态效益补偿的实践中忽略了市场的作用,补偿资金主要依赖中央财政和地方财政,国家几乎成为唯一的补偿支付主体。

(五)林业市场化经营水平有待提高

林地产权不清晰。企业投资的重要前提是产权清晰、自主经营。虽然安徽省已经在不断推进集体林权制度改革,也取得了一定的成效,但是由于我国的林地所有权、林权、承包权、经营权等各种权利界定不清晰,法律不完善,再加上林地经营权流转操作时不够规范,林业投资经营者往往会和农户、村集体产生利益纠纷,投资者的利益不时受到侵害。《安徽省国有林场发展"十四五"规划》显示,全省国有林场在银行等金融机构不良债务达

7357万元;一些国有林场与周边存在林地林木权属纠纷,造成林权流失。一些林地由于历史原因,边界不明确,林业投资经营者容易与农户产生矛盾,经营权受到影响。

产业化链条不完整。一方面,虽然林业产业(木竹产业、木本油料、林下经济、森林旅游和康养)规模不断壮大,但尚未形成完整完备的产业化链条,而且产品品种较为单一,市场竞争力不强,受市场波动影响较大,缺乏全国或者地方知名品牌。另一方面,由于缺乏龙头企业带动,各个企业分散经营,规模相对较小,资源利用率较低,管理水平不高,对林产品的加工多是技术含量较低的初级加工,产品附加值有限,对经济社会发展的带动作用有限。

林业投融资难点多。近年来政府更加重视生态建设,国家在林业管理和用林方面的刚性约束有所加强,加上林业生产周期长,林业投资经营的应变力受到限制,经营方向调整困难。在林业投资时,流转的一家一户的林地,投资经营者对相关的程序、制度并不十分清楚,在办理林权证或变更权证登记时遇到较大的困难。作为合作社,农民以林地承包经营权入股,应该是风险共担、利益共享,但很多合作社利益共享可以,而风险共担很难做到。惠林政策不够多,市场主体活力不足,林业投融资难的问题尚未得到有效解决,集体林权制度改革配套措施不够,集体林权交易平台、融资平台、信息平台尚未真正建立,森林资源评估、收储、担保、抵押等服务体系不健全,林权融资难、林农贷款难、担保难、银行监管难、资产处置难等"五难"问题依然突出。

综上,安徽省作为全国林长制改革的发源地,一直积极探索、不断深化和高位推进林长制改革,在取得积极成效的同时,也存在一定的短板和不足。为进一步完善林长制改革,不断巩固并扩大改革成效,安徽省以习近平生态文明思想为遵循,以习近平总书记视察安徽重要讲话指示精神为指引,秉承新发展理念,对标新阶段现代化发展要求,积极推进林业治理体系和治理能力现代化,开展新一轮林长制改革实践探索,并以此为基础,着力打造全国林长制改革的安徽样板,构建长三角区域一体化高质量发展的生态大屏障,培育"绿水青山就是金山银山"的实践创新区,厚植安徽省经济社会高质量发展的绿色生态底色。

第四章　安徽省深化新一轮林长制改革的创新实践

一、安徽省深化新一轮林长制改革的整体谋划

(一)安徽省深化新一轮林长制改革的启动过程

2020年12月29日,党中央做出在全国全面推行林长制的决策部署。2021年1月,安徽省新一轮林长制改革拉开帷幕。安徽省委主要负责人就新一轮林长制改革做出明确批示,要求在新一轮林长制改革中展现新作为、实现新突破。

一要围绕新发展阶段推进林长制改革,认真落实中央《关于全面推行林长制意见》,研究谋划我省具体工作举措,高位推进全国首个林长制改革示范区建设,不断推出可复制可推广的制度创新成果,当好改革先锋。

二要围绕贯彻新发展理念深化林长制改革,更好统筹山水林田湖草系统治理,着力增强生态系统稳定性,积极推进生态产业化和产业生态化,全面提升森林资源的生态、经济、社会功能。

三要围绕推进高质量发展落实林长制改革,压实五级林长责任,完善"五绿"并进体制,健全完善党政同责、属地负责、部门协同、源头治理、全域

覆盖的长效机制,努力把林长制改革打造成安徽的生态名片、全国的一流标杆。2021年7月,安徽省印发《关于深化新一轮林长制改革的实施意见》。

(二)安徽省深化新一轮林长制改革的指导思想和主要目标

深化新一轮林长制改革,必须坚持以习近平新时代中国特色社会主义思想为指导,认真贯彻党的十九大和十九届二中、三中、四中、五中全会精神,深入贯彻习近平生态文明思想,全面落实习近平总书记考察安徽重要讲话指示精神,坚定贯彻新发展理念,积极践行"绿水青山就是金山银山"理念,统筹山水林田湖草沙系统治理,在法治轨道上高质量推进全国林长制改革示范区建设,全面实施《安徽省林长制条例》,健全"五绿"并进目标责任体系,构建多元共生、健康可持续的自然生态系统,完善生态产业化、产业生态化的生态产品价值实现机制,全面提升林业资源生态、经济和社会功能,为打造"三地一区"、建设经济强百姓富生态美的新阶段现代化美好安徽做出新的贡献。

安徽省深化新一轮林长制改革的主要目标分为两个部分。一个部分聚焦体制机制深化林长制改革,到2025年,林长制组织体系和目标责任体系更加完善,林业保护发展机制更加健全,政策保障制度更加完备,初步实现林业治理体系和治理能力现代化。另一个部分聚焦林业等生态资源保护发展,既有定性的目标,即林业生态系统质量和稳定性进一步提升,生态产品供给能力和林业碳汇能力进一步增强,也有定量的目标,包括林业科技进步贡献率达到62%,森林覆盖率超过31%,森林蓄积量达到2.9亿立方米,湿地保护率超过53%,林业总产值超过7000亿元。

(三)安徽省深化新一轮林长制聚焦"五大森林行动"

为了实现安徽省《关于深化新一轮林长制改革的实施意见》确立的主要

目标,坚持问题导向、因地制宜,明确主要任务,制定了平安森林行动、健康森林行动、碳汇森林行动、金银森林行动和活力森林行动等"五大森林行动"。安徽省各级林长按照上级决策部署,制定深化新一轮林长制改革的实施细则和行动方案,因地制宜、因势利导,明确行动目标责任,进一步构建多元共生、健康可持续的自然生态系统,进一步完善生态产业化、产业生态化的生态产品价值实现机制,发挥林业资源的生态效益、经济效益和社会效益。

在实施"五大森林行动"的过程中,全省各级林长系统谋划,以问题为导向,以点带面整体推进,在行动中形成了一批可借鉴、具有典型性的创新实践,将制度优势转化为治理效能。系统总结深化新一轮林长制改革以来各地的创新实践,对于各地交流以及借鉴对方的好做法、好经验和好机制有重要意义,为全省以至全国推动林长制改革取得进一步突破,提供重要实践支撑。

二、平安森林行动的创新实践

实施平安森林行动的主要任务是提升对生态资源的管护能力,强化生态保护和执法力度。

(一)健全森林管护网络,推进信息化管理

生态护林员是基层林草资源管护的源头和载体,安徽各地强化基层基础,积极构建网格化管理体系,努力解决森林草原保护发展"最后一公里"问题。

目前安徽省落实"一林一员"网格化管护,全面建立由 124 个县护林大队、1331 个乡护林中队、12359 个村护林小队组成的基层护林体系,全省现有护林员 5.6 万名,形成了遍布基层、覆盖全省、有效运行的林业生态资源

安全管护体系。为了进一步加强林草资源精细化管护,提高巡山护林效率和质量,安徽省推进林长制信息化建设,将生态护林员纳入林长制巡护平台。

森林防火一直是森林管护的重点工作,林缘秸秆焚烧、林区野外用火、林区可燃物等稍有不慎极易引发森林火灾。为了加强源头管控,补齐治理短板,黄山市屯溪区探索建立森林防灭火信息化管理机制,促进森林防火从"人工型"向"科技型"转变,从被动管向主动防转变,从源头防范和化解森林火灾风险。

一是加强科技支撑。屯溪区建成森林防火视频监控平台(含覆盖全区域视频监控系统、林火监测预警系统、视频监控指挥中心、防火 APP),实现24 小时全区山场实时监控和识别预警全覆盖。

屯溪区森林资源视频监控指挥中心

二是完善防灭火体系建设。屯溪区成立区森林防灭火指挥部,统一指挥全区森林防灭火工作。屯溪区制定《屯溪区森林防灭火应急预案》《屯溪区森林防灭火指挥部工作规则》,实现森林防火和灭火工作无缝对接。

三是强化信息共享。屯溪区将森林防火视频监控系统纳入区、镇网格化管理平台,实现全区一网统筹管理;区、镇林长及防火工作人员可通过防火 APP,实时查看监控系统抓拍的预警信息;利用森林防火短信平台,即时发送预警信息提示短信,建立区、镇森林防火信息 24 小时实时共享机制,形成整体合力。

四是提高应急处置能力。预警信息经值班人员判断为较小火情时,立即下发指令至镇网格化管理平台,镇、村护林队伍迅速赶赴火情现场勘查并处置;判断为较大火情时,立即上报区防灭火指挥部,启动森林防灭火工作预案,快速集结灭火指挥组、物资保障组等队伍,以最短的时间到达火情现场并有效处置火情。

(二)加强林业执法队伍建设,健全衔接联动机制

严肃查处各类涉林违法犯罪行为,是实施平安森林行动的重要任务之一。加强林业执法队伍建设,完善林业行政执法体系,是严肃、高效和精准查处各类涉林违法犯罪行为的基础。

党和国家机构改革之后,森林公安转隶,林业执法力量薄弱、部门间权责边界不清等问题较为突出。为加强林业执法队伍建设和健全林业行政执法运行机制,黄山市屯溪区探索建立林业综合行政执法体制机制,形成可借鉴的改革模式。

一是加强林业综合执法队伍机构建设。在机构设置上,成立屯溪区林业综合行政执法大队。该大队为屯溪区林业局所属事业单位,公益一类,股级建制,编制扩增至 10 名,主要开展森林资源管理、森林植物检疫、森林防

火、野生动物保护管理等林业执法工作。林业综合行政执法运行经费、执法装备建设经费等被纳入同级财政预算。

二是完善林业综合执法体系。屯溪区全面清理、优化和精简执法事项，细化完善101条权责事项清单、37条公共服务清单，明确林业执法权责边界。屯溪区梳理林业行政综合执法工作流程和执法流程，依法行使林业行政执法职责。

三是规范林业综合执法队伍执法行为。屯溪区实行行政执法公示制，公开执法机构职责、执法依据和流程，增加执法透明度。屯溪区实行执法全过程记录制度，严格执行重大行政执法决定法制审核制度，规范行政裁量权基准制度。屯溪区实行持证上岗和资格管理制度，实行"执法文书统一、执法服装统一、车辆配备统一、执法标识统一、指挥调度统一"，使制度化管人用人机制更加健全。

四是健全林业综合执法队伍运行机制。一方面，建立区级联动联合执法会议制度。屯溪区建立以分管副区长为组长，相关部门主要负责人为成员的林业综合行政执法联席会议制度，协调全区综合行政执法工作，研究解决林业综合行政执法过程中出现的新情况、新问题。另一方面，落实林业行政执法与刑事司法衔接机制。屯溪区严格落实省、市林业行政执法与刑事司法衔接工作办法，林业综合行政执法大队加强与公安机关、检察机关、审判机关的信息共享、案情通报、案件移送，使得行政执法和刑事司法做到有效对接。

（三）完善湿地保护机制，优化自然保护地体系

"自然保护地是生态建设的核心载体、中华民族的宝贵财富、美丽中国的重要象征，在维护国家生态安全中居于首要地位。我国已经建立数量众多、类型丰富、功能多样的各级各类自然保护地，在保护生物多样性、保存自

然遗产、改善生态环境质量和维护国家生态安全方面发挥了重要作用，但依然存在重叠设置、多头管理、边界不清、权责不明、保护与发展矛盾突出等问题。"因此，建立统一规范高效的管理体制和创新自然保护地建设发展机制是整合优化自然保护地体系的重要任务，各地进行了一些有益探索。

一是启动全市含湿地资源在内的自然资源统一确权登记工作。首先，池州市按照自然资源部、省自然资源厅统一部署安排，配合做好行政区域内由自然资源部和省自然资源厅直接行使所有权和省政府代理行使所有权的湿地资源确权登记制度。其次，由市县登记的湿地资源，先行开展权籍调查，待资源清单出台后，再由登记机构进行登记。最后，建立确权登记数据库和信息管理平台，实行全市湿地资源登记信息统一管理。

二是建立科学的分类分区管控机制，实施分级管理制度。池州市在明确湿地资源权属的基础之上，把湿地类型自然保护区和湿地公园建设作为

池州市升金湖国家级自然保护区

池州市开展湿地分级分类保护管理工作的一项具体措施。升金湖国家级自然保护区和平天湖、秋浦河源国家湿地公园建设是池州市乃至安徽省湿地保护体系的重要组成部分,十八索省级自然保护区和杏花村省级湿地公园是池州市湿地保护体系建设的重要补充。

三是探索建立湿地资源保护补偿机制。(1)池州市出台《升金湖湿地生态效益补偿工作实施意见》,先后投入资金约1.08亿元,在完成15万亩主湖面统管后,通过给予农户和村组集体经济补偿的方式,先行流转统管核心区和缓冲区内5.8万亩水面和耕地,开展生态修复,逐步以点带面,辐射整个保护区,取得了阶段性成效。(2)合肥市实施退耕还湿奖补等市级扶持政策,建立环巢湖十大湿地生态效益补偿机制,每年财政预算安排8500多万元,实施期限暂定三年,并出台《环巢湖十大湿地生态效益补偿考核办法(试行)》,对湿地管养情况进行考核,做好补偿资金分配。

合肥市环巢湖湿地

四是探索湿地公园协同治理创新机制。潜山市在创建潜水河国家湿地公园过程中,逐渐摸索出"六共"经验:坚持上位规划,统筹多规共融;坚持党政主导,强化部门协作共建;坚持林长牵头,统筹部门联动共管;坚持校地合作,引进技术团队共谋;坚持"两长"互通,做到"两长"共巡;坚持保护优先,实现生态红利共享。

潜水河国家湿地公园

三、健康森林行动的创新实践

实施健康森林行动的主要任务是优化国土空间格局、健全森林经营体系和加强林业有害生物防控。

（一）深入实施"四旁四边四创"绿化提升行动，拓展绿化空间

持续推进国土绿化，全面加强森林、草原、荒漠、湿地等自然生态系统保护，加强以林草植被为主体的陆地生态系统修复，提高自然生态系统服务功能和林地草地生产力，提供更多优质生态产品，是提高生态系统质量和稳定性的基础。

随着中央遏制耕地"非农化"、防止耕地"非粮化"，禁止违规占用耕地植树造林，造林空间日趋狭窄。向农村和城镇的"四旁"（宅旁、路旁、水旁、村旁）、"四边"（道路河流两边、城镇村庄周边、单位周边、景区周边）深挖潜力，拓展绿化空间，提升绿化质量，已成为平原地区造林绿化的必由之路。亳州市结合相关政策和项目，开展"四旁""四边"绿化提升行动。

一是以森林创建为抓手，拓宽造林广度。亳州市围绕美丽宜居乡村建设等工程项目，积极创建省级森林城镇、森林村庄；在城镇村庄周边、道路两旁、塘沟渠堤坝边等隙地，见空补绿、见缝插绿，因地制宜发展"五小园"（小果园、小药园、小花园、小菜园、小竹园），实施美丽乡村"增绿、增花、增果、增收"工程，实现生态环境和经济效益双赢。

二是以生态廊道建设为重点，延伸造林长度。亳州市围绕农田水利建设兴修项目，实施水系生态防护林拓展工程，以保持水土、涵养水源的沟河堤坝绿化为主，做好已治理水系两侧植树造林工作。亳州市推进主干道路美化环境提升工程，重点对 G105、G311、S309 国、省道和济广、泗许等高速两侧已建林带进行补差补缺，提高廊道美化绿化标准；关注乡村道路、沟河渠塘、村庄、景区等周边的绿化延伸工作，延展围村林、护路护堤林、水口林和游憩景观林的造林长度，使绿化深入僻静小道，积极打造生态廊道大有格局、小有格调的多层次绿化模式。

三是以增绿增效工程为指导，加大保护力度。亳州市全面加强自然生态修复和生物多样性保护,不断巩固现有造林成果,强化新造林保育养护,不断加大中幼林抚育力度,以森林抚育示范片建设为抓手,因地制宜、造育结合、量质并重,全面做好森林抚育、退化林修复等森林经营工作,提升森林质量。

四是以高标准农田治理为依托,建设农田林网。亳州市坚持高标准设计、高质量栽植,结合当地实际,采取经济林与景观林相结合、乡土树种与引进新优树种相结合的方式,提升农田建设的标准和质量。

(二)稳步推进四大生态廊道建设工程,发挥森林综合效益

四大生态廊道建设工程,是"十四五"期间安徽省全域性林业生态建设重大工程。我省将长江、淮河、江淮运河、新安江打造成水清岸绿、城乡共美、人与自然和谐共生的生态廊道,为全省绿色发展和区域协调发展提供坚实的生态保障。按照因地制宜、分类施策的原则,安庆市探索长江岸线生态廊道一体化建设机制,黄山市扎实推进新安江沿江林相改造提升工程,为各地生态廊道建设提供了可以借鉴的实践路径。

安庆市望江县、宿松县实施长江经济带生态修复和"建新绿"工程,积极推进宜林地营造林,建立完善长效管理机制,打造具有沿江特色的森林生态长廊体系。两县积极推进宜林地造林、退化林修复、中幼林抚育等工作,提高长江岸线生态廊道森林质量。此外,两县在实施长江经济带生态修复的同时,注重发挥沿江森林资源的社会效益和经济效益。望江县实施生态、产业、景观"三林共建",采用薄壳山核桃、柳树等多树种混交林,改变单一杨树纯林的造林模式。宿松县在沿江洲区种植发展薄壳山核桃、优质水果等特色经济林,打造集观赏、休闲、采摘、游憩为一体的洲区森林康养基地,林业复合经营基地面积超过1000亩,推动林业产业与生态旅游融合发展。

黄山市歙县推进新安江沿江林相改造提升。一是沿江乡镇落实项目财

政资金,聚焦沿江两岸茅草山地、裸露坡耕地,开展"四旁""四边"见缝插彩,栽植银杏、枫香、樱花等彩叶有花乡土树种,改善沿江林分质量,沿江节点林相景观得到明显提升。二是整合中央水污染防治新安江歙县段 108 米水位线以下污染源清理及控磷控氮项目资金 630 万元,实施退耕还湿还林还草,对沿江 3101 亩 108 米水位线下及低洼耕地实施了休耕,使沿江湿地景观得到明显改善。三是依托大别山——黄山地区水土保持与生态修复、中央财政森林抚育等生态林业重点工程建设,紧紧围绕新安江生态廊道建设,助力沿江林分质量提升,沿江 9 个乡镇共完成人工造林、封山育林、退化林修复和森林抚育 17.4 万亩。四是沿江乡镇严格按照上级松材线虫病防治技术方案要求,开展枯死松树的监测、普查、检验和清理处置工作,沿江林业有

新安江山水画廊

害生物防控稳步推进。五是美丽茶园建设取得实效。歙县开展沿江两岸可视范围茶园"坡改梯"工程和"厢式"茶园建设,控制水土流失、增强景观效果。歙县结合低产茶园改造,栽植樱花、桃花等有花树种,打造美丽茶园,全面推进沿江林相改造。茶园套种樱花、桃花、乌桕等有花、彩叶树种近1万株。六是筹集财政资金136万元,对沿江古树名木采取环境改良、树体保护、有害生物防治等具体措施,开展古树名木保护复壮。

(三)聚焦突出问题精准治理,健全有害生物防控联动机制

森林病虫害防治工作对保护森林资源、改善生态环境具有重要意义。黄山市徽州区以预防为主、以综合治理为原则,围绕松材线虫病治理工作,狠抓落实,全力推进,初步建立起松材线虫病疫情防控创新机制,为健全有害生物防控机制提供有益经验。

一方面,健全完善松材线虫病除治机制。一是推进监测普查专职化。黄山区按照"区聘乡管"的原则,划定责任区域,确定普查线路,开展岗前培训、动态管理和绩效考评,做到监测普查全覆盖、无死角,确保疫情监测普查覆盖率达100%。二是推进除治队伍专业化。黄山区出台《枯死松树除治核查验收技术标准和核查验收方法步骤》《防控专项资金管理办法》等规定,规范招投标程序,公开招标专业防治单位,确保枯死松树除治率达100%。三是推进质量管控标准化。黄山区建立健全"施工队伍完成一批、乡级组织自查一批、乡镇政府上报一批、聘请第三方专业机构验收一批"验收机制,确保枯死松树除治质量合格率达100%。区林业部门联合黄山区委督办室、区纪委监委等相关部门开展实地督查和林检所、乡镇领导、林业站技术人员现场检查指导督促以及施工队伍规范化除治,年年实现枯死松树除治率100%、质量合格率达100%。四是推进检疫执法规范化。黄山区实行森林植物检疫站检疫执法24小时"双人双岗"值班制度,依法查验过往车辆并查处检疫

案件,实行检疫案件卷宗每月评查和跟踪问效制度;同时,定期开展执法人员交流换岗,每月不定期开展检疫执法夜间值班情况督查,确保检疫检查率和案件查处率均达 100%。五是推进排查整治常态化。黄山区严格落实属地与行业双线责任制要求,整合并强化乡镇排查队伍和林业执法队伍力量,坚持日常巡查排查与专项执法检查相结合,常态化开展每月除治山场检查和农户房前屋后松树及其采伐剩余物与涉松场所松木及其制品排查整治,严守"内防扩散"防线,严厉查处涉松违法违规案件,杜绝松材线虫病人为传播隐患,确保排查整治率达 100%。

另一方面,探索建立跨区域重大林业有害生物防控机制。一是推深做实与黄山风景区山上山下"联防、联控、联动"三联机制。拉紧环黄山"五镇一场""监测、清理、化防、管控、阻截"联防联治协作链条。二是深入推进落实市域内联防联控机制。围绕黄山风景区,建立与徽州区、黟县第一联防区工作机制,制定毗邻县(区)际联防联治工作任务清单。三是积极推进落实市域外联防联控机制(青阳县、石台县、旌德县、泾县)。开展检疫执法互查交流和松材线虫病防治互查检查。

四、碳汇森林行动的创新实践

实施碳汇森林行动的主要任务是提高全省林业碳汇的规模和质量,加强林业碳汇计量监测,推进林业碳汇交易和建立林业碳汇基金。

(一)推进碳汇项目开发,开展碳汇计量监测

一是探索以国家储备林建设为依托,推进碳汇项目开发。可参与碳排放权交易的林业碳汇量,是因对森林采取培育措施而产生的碳汇"增量",并非森林自身碳汇"存量"。在林权分散的情况下开发林业碳汇项目,面临面

积小、成本高、收益低等问题。滁州市结合市属 5 个国有林场 47 万亩森林，编制森林经营碳汇项目实施方案，采取采伐、抚育、施肥以及修枝等措施，推进森林碳汇项目开发，不断提升森林系统固碳能力。宣城市坚持通过国储林项目带动增加林业碳汇储量。目前，宣城市正在实施和计划实施国家储备林面积 185 万亩，其中 2022 年推动旌德县、泾县、宣州区实施国家储备林项目，2023 年争取宁国市、郎溪县、广德市、绩溪县储备林项目落地。

二是探索开展森林碳汇监测，摸清森林固碳底数。宣城市与安徽大学合作，首次采用现地实测方式，科学地评估出宣城市森林生态系统服务价值为 801.7 亿元/年，其中森林年固碳 428.21 万吨。绩溪县与技术公司合作，依托多源数据、优势技术，构建起"时空+双碳"自然资源监测与碳汇核算服务模式，通过核算体系快速精准地摸清碳汇本底：森林覆盖率达 78.35%，拥有稳定森林面积 8.87 万公顷，全县平均单位碳储量由 2019 年的 54.45 吨/公顷增加到 2021 年的 61.65 吨/公顷，每公顷增加碳储量 7.2 吨。滁州市启动碳汇计量监测研究，与省林科院及安徽农业大学合作，结合滁州森林资源禀赋，针对滁州市有代表性的林分类型和主要树种（组），设置固定样地监测点，定期进行基础性监测，建立不同树种的精细碳汇计量模型。

三是探索公益碳汇林建设模式。滁州市印发《"一村万树"碳汇森林行动助力乡村振兴暨"低碳生活　文明滁州"行动方案（试行）》和《"一村万树"碳汇林建设技术规范（试行）》，做好"机关与农村""企业与农村"等对接工作，充分挖掘路旁、水旁、宅旁、村旁"四旁"空间，科学选择树种，做好政策引导和技术服务工作，让群众参与进来，共同建成一批高质量、高效益的示范基地，计划建立公益碳汇林试点 20 个。明光市探索相关碳汇权证发放试点工作，出台了《明光市林业碳汇权证管理办法（试行）》，成立了全省首家镇级"森林银行"，完成了公益碳汇林监测期碳减排量首单交易。

（二）探索林业碳汇交易，拓展林业碳汇价值实现机制

宣城市和滁州市分别完成林业碳汇交易，积极探索区域性林业碳汇交易可行路径。

一是探索"林业碳汇交易"。采取以国家自愿减排量项目标准方法学开发林业碳汇项目，聘请有国家级资质的审核机构予以审核，走地方政府认可的"线下模式"，推动林业碳汇交易落地。2021年8月24日下午，安徽省司尔特肥业股份有限公司与旌德县庙首林场完成林业碳汇交易正式签约，这是我省林业碳汇交易第一单。

截至目前，宣城市通过林业碳汇交易方式，探索建立"低碳矿山""零碳学校"，向教育、工矿领域延伸，共完成林业碳汇交易5单，交易额55.97万元。

二是探索"林业碳汇融资"。宣城市加强与市农业银行、市建设银行的合作，研究开发林业碳汇预期收益权质押贷款产品。2021年9月22日，农业银行泾县支行、建设银行泾县支行分别与泾县国有林业发展有限公司、泾县兆林木材加工厂签订林业碳汇预期收益权质押贷款合同，按照两家经营单位林地测算的预期碳汇量2.89万吨，参考碳汇市场价格，确定林业碳汇质押物的价值，发放贷款78万元，这标志着全省"林业碳汇融资第一单"正式落地。2022年6月，宁国市再次通过林业碳汇授信方式发放3家林业经营主体贷款167.5万元。

三是探索"林业碳汇保险"。2022年3月12日，全省首单森林碳汇价值保险在宣城市成功签约。中国人寿财产保险股份有限公司宣城中心支公司承保宣城市宣州区宛陵林场、泾县马头国有林场森林面积共计12561.27公顷，全林碳库330330.87吨，碳汇量1211197.01吨，为2家国有林场提供5004.17万元风险保障。

滁州市林业局按照"碳汇理论先行研究、基础工作先行开展、项目框架先行搭设、交易路径先行探索"的基本思路,科学稳步推进林业碳汇工作。

一是探索碳票管理体制。滁州市林业局联合市发展改革委、生态环境局等11个部门,率先出台全省首个林业碳票管理办法,对林业碳票权能、制发流程、计量方法等内容进行规范。鼓励机关、企事业单位、社会团体、公民等单位或个人购买林业碳票,以抵消碳排放量,实现碳中和;鼓励银行金融机构积极创新碳资产抵质押融资方式,探索将林业碳票作为贷款的可质押物;等等。2022年,滁州市举行林业碳票首发及交易仪式,颁发安徽省首批林业碳票,共计3.15万吨二氧化碳当量。滁州滁能热电有限公司和滁州市润森林业投资开发有限责任公司签署了安徽省首单林业碳票申购协议。

二是探索碳汇权证试点工作。滁州市林业局指导明光市探索相关碳汇权证发放试点工作,出台了《明光市林业碳汇权证管理办法(试行)》,成立了全省首家镇级"森林银行",完成了公益碳汇林监测期碳减排量首单交易。

三是促进区域性碳票交易工作。滁州市探索公益碳汇林的检测核算工作,经专家审查、林业部门审定和生态环境部门备案,完成碳票的制发工作,形成碳票从制发、登记、流转到监督的管理体系。滁州市开展鼓励林地、林木所有权人申请碳票,鼓励机关、企事业单位、社会团体等购买碳票等相关活动,探索建立"绿色碳汇企业联盟",让更多的企业加入碳汇交易。

五、金银森林行动的创新实践

实施金银森林行动的主要任务是推动林业产业集聚发展,培育新型林业经营主体和实施林业品牌战略。

（一）"村企社户"联建村庄绿化，促进生态美百姓富

村庄绿化能够有效改善乡村人居环境，促进农民增收，助力乡村振兴。为科学推动城乡绿化，定远县不断深化林长制改革，在严桥乡官东村试点开展"村集体+企业+合作社+农户"绿化合作模式，积极开发"村旁、屋旁、路旁和水旁"空闲地发展高效特色经济林，有效盘活农村"四旁"空闲地资源，有效破解村庄绿化"有人栽、没人管"、"保耕地"与"增绿化"等难题，实现了村庄得绿，村民得利，企业得发展。

一是"村企社户"联建，构建利益共同体。经过集思广益，官东村决定引进农景果业有限公司，发展高效木本油料林。官东村成立合作社，与农户签订协议，将"四旁"空隙地集中起来，委托合作社经营。协议期十五年，保底收益每年每亩500元。企业先期提供苗木和技术支持，管护三年验收合格后，由合作社从造林补助中支付种苗款和管护费用。合作社从第五年量产起，每棵树每年收取3至5元服务费。"村、企、社、户"四方形成了利益共同体，推动村庄"增绿与增效"相统一。

二是"宅地分离"托管，盘活农村"四旁"闲置地。针对村民外出务工较多，宅基地闲置的现状，创新"宅地分离"流转办法。严桥乡"按每户不超过160平方米办理房地一体确权登记，其余闲置宅基地自愿流转，交由村集体经济组织统一栽种薄壳山核桃"。同时，深挖"四旁"空隙地，替代过熟飘絮杨树，改善村庄生态环境，发展绿色产业。两年来，拓宽整修道路12.4公里，清沟修渠7.8公里，维修塘坝3处，整理"四旁"空隙地1300余亩。

三是"化零为整"经营，解决了绿化管护难。为解决农户个体经营体量小，常年在外务工，无法有效管护的难题，村集体引导农户通过委托合作社经营等方式，"化零为整"，开展适度规模经营，降低了成本，提高了效益。合作社适当收取服务费，以壮大村集体经济。同时，合作社发挥规模优势，邀

请林业技术人员开展造林指导培训。

(二)聚焦特色产业集聚发展,构建良性营商生态系统

实现林业生态资源的经济效益,需要遵循绿色经济发展思路,发挥地区比较优势,大力发展林业经济,提升林业产业,形成特色产业集聚。安庆市怀宁县蓝莓产业发展和滁州市全椒县薄壳山核桃产业发展都是林业产业集群发展的有益探索。

安庆市怀宁县以创建国家级现代林业产业示范园为抓手,发挥比较优势,形成了三产融合发展、产学研协同互动的良性生态系统,实现了蓝莓产业高质量发展。怀宁县政府出台一系列蓝莓产业发展、林业高质量发展的扶持政策,解决政策和要素保障问题,合理配置人才、土地、资本、技术、信息等要素,统筹推进生态环境高水平保护和蓝莓产业高质量发展。

怀宁县国家级林业产业示范园

一是成功创建怀宁蓝莓国家林业产业示范园区。采取"EPC+O"模式，推进怀宁蓝莓产业示范园区建设，种植蓝莓5万亩，培育产业化企业152家，年产值26.8亿元。园区以蓝莓种植、加工、销售为主导产业，拥有蓝莓产业化企业152家，占园区企业总数的86%；拥有5家蓝莓深加工企业，形成包括种繁育、规模种植、游客采摘、预冷保鲜、食品加工等的十分完整的蓝莓全产业链体系。

二是产学研合作无缝对接。与安徽农业大学合作共建"安农大·怀宁蓝莓研究院"，组建蓝莓产业联盟，开展蓝莓品种改良、病虫害防治等技术攻关。蓝莓新品种"超优3号""超优6号"被省林木品种审定委员会审定为林木良种。

怀宁县国家级现代蓝莓产业示范园"安农大·怀宁蓝莓研究院"

三是"企业+村"抱团发展探索"三变"新模式。整合中央财政专项扶贫资金，探索实施"1企业+19村集体""三变"改革新模式，在三桥镇金闸村合作种植蓝莓800余亩，每年收益分红45.6万元，带动周边群众务工180人，人均年增收6000元。

四是实施村集体经济助推工程，提升产业发展生命力。按照"县搭台、村入股、公开招、企业干"的思路，创新"政企银担"金融支持模式，组织全县

195 个村级集体经济组织以不低于 100 亩的土地入股,与县乡村公司组建 42 家合资公司,获得省建行一次性 3.6 亿元的授信额度。全县通过蓝莓产业"四带一自"发展模式带动贫困户 3000 余户次,户均年增收约 5000 元。

滁州市全椒县按照"生态产业化、产业生态化"要求,集中发展薄壳山核桃,推动特色林业产业化、规模化、集群化发展。

一是规划引领发展。全椒县编制了《国家全椒薄壳山核桃产业示范园区建设总体规划(2020—2030 年)》,到 2030 年全县发展面积 25 万亩,其中果用林 15 万亩,木材战略储备林 10 万亩,建成良种繁育基地 4 个 1000 亩,建立国家薄壳山核桃产业园示范基地 10 个。全椒县打造碧根果特色国家森林小镇,建立全国碧根果交易集散中心,建立 1 个碧根果食用油加工厂和 1 个核仁系列产品加工厂,实现薄壳山核桃全产业链产值千亿元目标。

全椒薄壳山核桃产业示范园

二是政策引导发展。调整优化产业政策,不断激发社会资本投资积极性。全椒县出台《全椒县薄壳山核桃产业发展实施意见》《全椒县薄壳山核桃产业发展管理暂行办法》等,对在采伐迹地、退耕还林更新造林地、国家储备林等连片发展100亩以上的薄壳山核桃的,县级财政每亩补助3000元,分六年兑现。同时,将种植1亩以上、100亩以下薄壳山核桃村庄的道路绿化等纳入奖补范围。

三是推进集群发展。坚持规模化发展,全县薄壳山核桃产业基地成片面积必须在100亩以上,形成规模经营和集约生产。坚持标准化引领,建设标准化示范基地10个。坚持良种造林,选优丰产高效品种,合理安排栽植密度、配置授粉树,强化抚育管护、整形修剪、水肥、病虫害防治等管理,规范生产经营。成立薄壳山核桃研究所和博士后科研工作站,建立科技特派员帮扶机制。深挖薄壳山核桃基地林下空间,推广林苗、林药、林粮等立体经营模式4.3万亩,建成国家林下经济示范基地1个。

四是拓展品牌发展。全方位宣传推介"中国碧根果之都",提升地方特色林业品牌效应,申报"国家全椒薄壳山核桃产业示范园区""全国绿色食品薄壳山核桃标准化生产基地",开展薄壳山核桃绿色食品认证,定期举办中国(全椒)薄壳山核桃产业创新发展大会暨碧根果采摘节。

(三)加强政策扶持和服务,完善新型林业经营主体培育机制

鼓励和引导社会资本积极参与林业建设和发展,推进林业适度规模经营,实现林业增效、农村增绿、农民增收,必须加快培育以林业专业大户、家庭林场、农民林业专业合作社、林业龙头企业和专业化服务组织为重点的新型林业经营主体。

芜湖市湾沚区通过加大资金投入、创新发展模式、完善服务水平、开展示范创建等形式,家庭林场、林业产业化龙头企业等新型林业经营主体不断向规模化、集约化发展,基本实现了林业增效、农民增收的目标。

一是加强政策保障,加大资金有效投入。湾沚区出台《关于深化新一轮

林长制改革的若干政策》，区财政每年安排不少于 1000 万元的林长制改革专项资金，重点用于林业新型经营主体培育。首先，给予资金扶持。对辖区新型林业经营主体开展造林绿化、低质低效林改造和森林抚育、林下经济等项目，根据验收结果给予补助，其中低质低效林改造和森林抚育项目按每亩300—1000 元予以补助，林下经济项目每个项目给予不超过 10 万元的补助。其次，给予标准认证奖励。对国家、省、市、区级林业产业化龙头企业、示范家庭林场、林业专业合作示范社以及通过无公害农产品、绿色食品、有机产品认证的新型林业经营主体给予奖补。最后，拓宽融资渠道和税收优惠。新型林业经营主体按规定享受国家对农业生产、加工、流通等的税收优惠政策。湾沚区设立 1000 万元农业贷款风险补偿专项资金，年担保贷款额度不低于 5000 万元。开展以土地经营权、林权、农业设施设备等抵押的政府担保贷款；开展"五绿兴林·劝耕贷"，安排专项资金补助"劝耕贷"地方银行基准利率上浮 20% 的部分，对于经营主体，省农担公司"劝耕贷"担保费给予50% 补贴。

二是创新林业发展模式，推动高质量发展。一方面，创新林业经营模式，组建村集体和农户共同投资的专业合作社，农户以资金、种植技术、劳务投入等方式入股，走合作共赢之路，助力乡村振兴。有条件的林业经营主体通过流转荒山、旱地，引进优良品种，实现规模化种植。另一方面，创新林产品销售模式，在传统线下零售、定向销售的基础上，家庭林场和合作社等经营主体抱团销售、电商线上物流销售已成为主流销售模式。

三是加强服务体系建设，提高服务水平。指导新型林业经营主体加强日常管理，对新成立的新型林业经营主体从制订章程、完善注册登记等方面提供指导。通过林长联系经营主体、开展"四送一服"、科技特派员下乡等形式，深入基层送技术、送服务，解决办理林权证难、林地流转难、融资难等问题。组织开展技术培训，培养一批懂技术、善管理、会经营的新型林业经营主体带头人。

六、活力森林行动的创新实践

实施活力森林行动的主要任务是引导林权有序流转,发展绿色金融,深化国有林场改革和优化林业营商环境。

(一)推进集体林权制度改革,引导林权有序流转

林业产业高质量发展的基础是林业资源的有效利用以及林权的有序流转,需要积极稳妥地推进林权制度改革。2007年4月,安徽省委、省政府出台《关于全面推进集体林权制度改革的意见》,创新经营和流转方式,推广使用示范文本,通过市场推动、政府引导,鼓励和引导农户采取转包、出租、入股等方式流转林地经营权和林木所有权,开展适度规模经营,逐步建立健全林权抵质押贷款制度,鼓励银行业金融机构优先安排信贷资金投放,探索林权权能实现的多种形式,为林业发展提供资金支持。近年来,在深化新一轮林长制改革的过程中,宣城市以集体林地"三权"分置为基础,完善林权制度,探索"三变"新路径,稳定集体林地承包权,不断活化林地经营权。

一是探索建立农村承包林地活化经营权制度。在依法保护集体所有权和农户承包权的前提下,平等保护经营主体依流转合同取得的林地经营权,保障其有稳定的经营预期。目前,已探索出家庭林场经营、股份合作经营、托管经营、产业联合体经营、"净林地"经营等五大经营模式。其中,已有8个村开展"净林地"经营,引导分散林地流转到村集体经济组织20367亩,村集体投入林地基础设施建设资金310万元,培育新型林业经营主体47个。

二是探索建立农村集体林地林木经营权证制度。在全面推行林地经营权流转证的同时,探索开展部分林地经营权或林木经营权登记,允许经营者

利用"林上""林下""林中""林外"的森林景观、林下空间等发展林下经济，保证林木经营权流转证享有与林地经营权流转证同等权利。宁国柏灵香榧有限公司流转甲路镇庄村村散生古榧树经营权，办理了林木经营权流转证，有效促进了果实加工研发及森林康养产业发展。

三是探索生态资源收益权证制度。为深化"三变"改革，实现林权证、经营权证、受益权证"三证保障"，宣城市将农户零散低效的山场、旱地、农田、水域等生态资源入股存入村股份经济合作社，由合作社发放生态资源受益权证，并允许继承、转让、交易。目前全市共发放生态资源受益权证 2178本，农户受益金额 427.83 万元。

四是探索林地地役权证制度。为进一步保障林地经营者的合法权益，宣城市探索发放林地地役权证。选择广德立人生态农业开发有限公司与广德五龙山国有林场签订地役权合同，在不改变土地、林木权属的基础上，为林场 236 亩外松林地设立地役权，并由广德市不动产登记中心为该公司颁发地役权证。地役权证发放后，该公司可以凭借地役权证行使管理权，实现依法、依规、长效管理；同时该林场每年可增加 6 万余元收入，有效盘活了国有森林资源。

（二）创新绿色金融产品，拓宽融资规模和渠道

随着绿色金融政策体系不断完善，业务和产品日益丰富，持续为生态修复、绿色环保、节能减排、低碳经济等提供有力的金融支持。安庆市和宣城市创新绿色金融投融资机制，充分发挥金融资本杠杆作用，探索解决林业保护和发展融资难问题。

安庆市宿松县积极创新绿色金融服务，成功实施林长制"宿松县乡村振兴绿色发展"融资项目，项目总投资 61743.4 万元，其中申请农发行贷款资金 4.8 亿元，项目资本金 13743.4 万元。这一融资方式探索了国企与民企合

作的有效模式,既有效解决了林业经营主体融资难、融资贵问题,又为国家政策性银行支持林业生态建设和产业发展提供了新思路。"宿松县乡村振兴绿色发展"融资项目由政府公益性项目和企业运作项目组成,公益性项目包括林区道路和湿地公园建设等内容,企业运作项目主要为安徽龙成集团的油茶、香榧种植园建设和油茶香榧加工产业园(二期)建设。企业运作项目采用"平台融资、平台建设、民企租用、分月还贷、产权回购"的建设模式。依托县国有企业平台,由县建投公司对项目融资实行担保,县交投公司作为建设主体,向省农发行申请贷款。县交投公司按项目设计内容开展建设,通过对外承包经营方式,将基地、厂房等租赁给安徽龙成集团使用经营,由承包经营企业按月归还贷款利息及本金作为租金。银行贷款还清后,安徽龙成集团按实际支付成本从县交投公司回购基地、厂房等产权。回购过程中产生税收的地方税部分奖励给安徽龙成集团,用于发展油茶、香榧等林业产业。

岳西县按照"平台融资、政府招标、分期还贷、企业回购"模式,融资4亿元,大力发展香榧、油茶等特色产业。一是延长还贷年限,十九年还清贷款本息,破解了林业产业周期长、投资大的难题,解决了林业生产经营周期长的"短融长投"问题;二是国有公司统借统还,破解了银行不想放贷给涉林经营主体的难题,解决了林业经营主体融资难问题;三是中标企业将林权流转给国有公司,破解了金融风险大的难题,解决了国有公司资产安全问题;四是贷款公开招标承包经营,破解了林业经营主体建设基地信心不足的难题,解决了国有公司无力经营问题。

宣城市以林权收储担保制度建设为基础,建立金融支持林业发展体制机制。

一是推动各县成立林权收储担保中心,以推进林权管理服务中心(含林权收储担保中心)规范化建设为抓手,推动林权收储担保资本金、风险补偿

绩溪县林权收储管理服务中心

金"两到位",林权收储担保机构、人员、经营场所"三落实",林权收储担保贷款管理、不良资产处置变现等配套政策"两制定",林权收储担保贷款、五绿兴林·劝耕贷、公益林收益权质押贷款"三开展"。二是建立林业金融定向激励机制和风险缓释机制。绩溪县、郎溪县已印发《林业金融定向激励和风险缓释管理办法》,宣州区将收取的0.6%林权收储担保服务费的一半转为风险补偿金,宁国市按贷款额2‰落实风险补偿金。广德市林权收储中心与省农担公司合作,打造竹产业"一链一策"。三是组织绩溪县、宣州区、郎溪县对全域公益林(含天然商品林)补偿资金开展调查分析,对林业大户和村集体所有的公益林进行建档立卡,推动当地政府和相关部门出台《公益林补偿收益权质押贷款管理办法》《公益林补偿收益权认定办法》和《生态公益林补偿收益权质押贷款操作规程》。全市已发放公益林补偿收益权质押贷款10笔773万元。

(三)探索国家储备林建设和经营模式,提升森林综合效益

国家储备林是指在自然条件适宜地区,通过人工林集约栽培,现有林改培、抚育及补植补造等措施,营造的工业原料林、珍稀树种和大径级用材林等优质高效多功能森林。国家储备林建设是推进林业供给侧结构性改革的重要抓手,是精准提升森林质量的重要工程。滁州市破解长期困扰林业的融资难、融资贵、投入低等问题,以国家储备林建设为突破口,健全森林经营体系,提升森林质量和综合效益。

一是利用市场逻辑,变政府造林为市场办林。首先,健全市场化机制。滁州市先后出台《国家储备林项目建设实施方案》《创新市属国有林场经营机制推进新阶段林场高质量发展实施方案》等,创新国有林场"事企分开、一场两制、一人双岗、盘活资产、市场运作"运营机制。其次,启动市场化运营。市、县联动组建了以政府性资产、金融资产和其他社会资本共同参与的林业发展投融资平台。目前,全市累计注资超 30 亿元,成立市林投公司等各级投融资平台 11 个,获各类金融机构授信 16.34 亿元。最后,坚持市场化导向。引导发展综合效益较高的"三树一苗"产业,按照空间上"高中低"、时间上"短中长"相结合原则,注重"林苗景""林果药"一体化,全力营造多用途多效益的木材储备林、能源林、油料林、景观林和碳汇林。

二是善用资本力量,变绿水青山为金山银山。首先,畅通融资渠道,将国有林场林权和其他经营性资产变更登记或划转到投融资平台,以"信用担保+林权抵押增信贷款"模式,撬动金融和社会资本进山入林。其次,拓宽合作领域,与政策性银行、商业银行和基金公司合作。全椒县 2021 年获批全省首个政策性银行国家储备林项目贷款,总投资 12.45 亿元,一期授信 9.3 亿元;皇甫山国有林场 7.3 万亩国储林项目获省工行授信 7.04 亿元,其他 4 个国有林场正在与浦发、中行、农发行安徽省分行等银行对接推进贷款

审批工作；积极对接国家绿色大基金，探索"贷款+基金投资"模式，计划投资2亿元，年利率6%—8%，投资时限十年。最后，提升运营质效，落实"亩均论英雄"，采取机械化减人、信息化换人、水肥一体化经营等措施，切实降低经营管理成本，提高林地产出率和森林经营效益，以亩均万元的短期高投入换取"一亩山千元钱"的长期回报。

皇甫山国有林场

三是运用平台思维，变传统林业为现代林业。首先，配齐要素平台，加强与央企、国企、上市公司等的全方位合作，推动国家储备林项目机械化和信息化、苗木花卉电商化、产品销售国际化、水肥配套设施集约化，全力助推林业现代化。其次，集聚产业平台，实施林业产业提升行动，建设皖东特色经济林产业集群。目前，全市发展麻栎林65万亩，初步形成南谯百亿元麻栎产业园区，年产值20亿元；发展薄壳山核桃18.4万亩，2021年产量1100吨，约占全国产量的1/4；聚焦国储林建设苗木需求，依托来安华东苗交会，苗木产业实现年产值35亿元。同时，积极探索新产业新业态，支持林业企业做大做强。最后，搭建富民平台。采取"国有林场+林企"方式，流转集体林地参与国储林建设。全椒县优先选择扶持 10 家林企作为国储林项目的施工单位,已流转林地面积 12.4 万亩,带动 346 户 835 名脱贫人口实现增收,户均年增收 5000 元。

第五章　关于安徽省深化新一轮林长制改革的思考和建议

一、准确把握新形势新任务新要求,持续推动深化新一轮林长制改革

（一）贯彻新发展理念,持续建设人与自然和谐共生的现代化

习近平总书记在党的二十大报告中指出:"我们坚持绿水青山就是金山银山的理念,坚持山水林田湖草沙一体化保护和系统治理,全方位、全地域、全过程加强生态环境保护,生态文明制度体系更加健全,污染防治攻坚向纵深推进,绿色、循环、低碳发展迈出坚实步伐,生态环境保护发生历史性、转折性、全局性变化,我们的祖国天更蓝、山更绿、水更清。"与此同时,生态环境修复和改善,需要付出长期艰苦努力,不可能一蹴而就,必须坚持不懈、奋发有为。习近平总书记指出:"当前,我国生态文明建设仍然面临诸多矛盾和挑战,生态环境稳中向好的基础还不稳固,从量变到质变的拐点还没有到来,生态环境质量同人民群众对美好生活的期盼相比,同建设美丽中国的目标相比,同构建新发展格局、推动高质量发展、全面建设社会主义现代化国

家的要求相比,都还有较大差距。"

习近平总书记强调:"'十四五'时期,我国生态文明建设进入了以降碳为重点战略方向、推动减污降碳协同增效、促进经济社会发展全面绿色转型、实现生态环境质量改善由量变到质变的关键时期。要完整、准确、全面贯彻新发展理念,保持战略定力,站在人与自然和谐共生的高度来谋划经济社会发展,坚持节约资源和保护环境的基本国策,坚持节约优先、保护优先、自然恢复为主的方针,形成节约资源和保护环境的空间格局、产业结构、生产方式、生活方式,统筹污染治理、生态保护、应对气候变化,促进生态环境持续改善,努力建设人与自然和谐共生的现代化。"这给生态文明建设提出了一系列新任务、新要求:第一,坚持不懈推动绿色低碳发展;第二,深入打好污染防治攻坚战;第三,提升生态系统质量和稳定性;第四,积极推动全球可持续发展;第五,提高生态环境领域国家治理体系和治理能力现代化水平。

安徽省深化新一轮林长制改革,坚定贯彻新发展理念,积极践行"绿水青山就是金山银山"理念,统筹山水林田湖草沙系统治理,在法治轨道上高质量推进全国林长制改革示范区建设,全面实施《安徽省林长制条例》,健全"五绿"并进目标责任体系,构建多元共生、健康可持续的自然生态系统,完善生态产业化、产业生态化的生态产品价值实现机制,全面提升林业资源的生态、经济和社会功能,为打造"三地一区"、建设经济强百姓富生态美新阶段现代化美好安徽做出新的贡献。

(二)继续深化改革鼓励创新,推进林业治理体系和治理能力现代化

广义上,生态文明体制又称生态文明治理体系,是指推进生态文明建设所需的各种基础性、常态化的支撑条件和保障体系的总和,是国家治理体系的一部分。2015年9月,中共中央、国务院印发《生态文明体制改革总体方

案》,从摸着石头过河转换到重视顶层设计,从更高层面上提出推进生态文明建设的全景蓝图。生态文明体制改革主要包括构建起由自然资源资产产权制度、国土空间开发保护制度、空间规划体系、资源总量管理和全面节约制度、资源有偿使用和生态补偿制度、环境治理体系、环境治理和生态保护市场体系、生态文明绩效评价考核和责任追究制度等八项制度构成的产权清晰、多元参与、激励约束并重、系统完整的生态文明制度体系。党的十八届三中全会以来,中央注重解决体制性的深层次障碍,推出一系列重大体制改革,有效解决了一批结构性矛盾,很多领域实现了历史性变革、系统性重塑、整体性重构。生态文明制度的"四梁八柱"已初步建立,主要包括党组织实施主体功能区战略,建立健全自然资源资产产权制度、国土空间开发保护制度、生态文明建设目标评价考核制度和责任追究制度、生态补偿制度、河长制、湖长制、林长制、环境保护"党政同责"和"一岗双责"等制度,制定、修订相关法律法规。

但是,我国生态文明制度体系的建立、健全和完善情况是不同的,各地、各部门在贯彻、落实和执行生态文明制度的过程中,也存在着差异。

一方面,坚持和巩固好一批制度,需要做好制度落地见效工作。"这包括实行最严格的生态环境保护、资源总量管理和全面节约、垃圾分类和资源化利用、损害责任终身追究等制度,落实资源有偿使用、企业主体责任和政府监管责任、中央生态环境保护督查、生态补偿和生态环境损害赔偿等制度。近年来,这些制度经过不断实践与完善,已经基本成熟,未来重在让制度更加定型,进一步提升生态文明建设和生态环境保护实效。"

另一方面,改革创新,完善和发展一批制度。"如健全自然资源产权、海洋资源开发保护、自然资源监管、国家公园保护、生态环境监测和评价等制度,完善主体功能区制度、污染防治区域联动机制和陆海统筹的生态环境治理体系、生态环境保护法律体系和执法司法制度、生态环境公益诉讼制度等,建立以排污许可制为核心的固定污染源监管制度体系、生态文明建设目标评价考核制度、国土空间规划和用途统筹协调管控制度等。"

林长制是生态文明领域的一项重大制度创新,将有效解决林草资源保护的内生动力问题、长远发展问题和统筹协调问题,更好地推动生态文明和美丽中国建设。深化新一轮林长制改革是一项系统工程,需要统筹各方面力量,建立完善的林长制制度体系,确保改革取得实实在在的成效。除了加强自身建设之外,林长制作为一项制度创新,要发挥好制度效能,还需要解决好一系列问题。

林长制改革处于不断推进过程之中,我国的生态文明各项制度也处于不断变化发展过程之中,要想将林长制改革的制度优势转化为治理效能,必须解决好五个方面的问题,将改革不断推向深入:第一,提升治理的系统性,着眼长远、标本兼治,按照问题导向、目标导向和效果导向进行梳理,着力加强制度的系统综合建设。第二,提升治理的综合性,强调法律、政策、金融、技术等多种措施的综合运用。第三,坚持做好源头治理,森林草原资源保护和发展等具体工作措施应从源头提升治理效能。第四,提升治理的协同性,应强化制度协同性分析,处理好林长制和其他生态文明制度的关系,搞好上下左右、方方面面的配套,注重各项改革协调推进,使各项改革相得益彰。第五,提升治理的实效性,应压实各级林长主体责任,严抓真管,加强制度执行力。

（三）以科学的世界观和方法论继续实施"五大森林行动"

林长制改革实践没有止境,林长制理论创新也没有止境。深化新一轮林长制改革,推进理论创新和实践创新,首先要把握好科学的世界观和方法论,坚持好、运用好贯彻其中的立场、观点、方法,谋划、部署和推进平安森林行动、健康森林行动、碳汇森林行动、金银森林行动和活力森林行动"五大森林行动"。

一是坚持人民群众是历史创造者的观点。安徽省谋划"五大森林行动",坚持人民群众是历史创造者的观点,紧紧依靠人民推进新一轮林长制改革。一方面,要坚持把实现好、维护好、发展好最广大人民的根本利益作为推进改革的出发点和落脚点,充分考虑不同地区、不同行业、不同群体的利益诉求,让改革成果更多更公平地惠及全体人民,唯有如此,改革才能大有作为。另一方面,处理好尊重客观规律和发挥主观能动性的关系,鼓励地方、基层、群众大胆探索、先行先试,勇于推进理论和实践创新,不断深化对改革规律的认识。

二是坚持"物质生产是社会生活的基础的观点。生产力是推动社会进步最活跃、最革命的要素"。谋划"五大森林行动"的根本任务是解放和发展社会生产力,使市场在资源配置中起决定性作用,更好地发挥政府作用,推动林草领域生产力不断向前发展。虽然物质生产是社会历史发展的决定性因素,但是上层建筑也可以反作用于经济基础,生产力和生产关系、经济基础和上层建筑之间有着作用和反作用的现实过程。安徽省谋划"五大森林行动",既解决好生产关系中不适应的问题,又解决好上层建筑中不适应的问题,更好地推动生产关系与生产力、上层建筑与经济基础相适应,产生深化新一轮改革的综合效应。

三是坚持"世界统一于物质、物质决定意识的原理,坚持从客观实际出发制定政策、推动工作"。虽然过去长期困扰我们的一些矛盾不存在了,但新的矛盾不断产生,其中很多是没有遇到、没有处理过的。安徽省坚持一切从实际出发,将其作为认识当下、规划未来、制定政策、推进事业的客观基点。既看到基本林情变化不大,也看到新发展阶段国际国内环境变化呈现出来的新变化新特点,按照实际确定工作方针、制定政策。

四是坚持"事物矛盾运动的基本原理,不断强化问题意识,积极面对和化解前进中遇到的矛盾"。矛盾是事物联系的实质内容和事物发展的根本动力。人的认识活动和实践活动,从根本上说就是不断认识矛盾、不断解决矛盾的过程。安徽省谋划"五大森林行动",积极面对矛盾、解决矛盾,注意把握好主要矛盾和次要矛盾、矛盾的主要方面和次要方面的关系,既要讲两点论,又要讲重点论。既对深化新一轮林长制改革做出顶层设计,又强调突出抓好重要领域和关键环节的改革,优先解决主要矛盾和矛盾的主要方面,以此带动其他矛盾的解决。

五是坚持"唯物辩证法的根本方法,不断增强辩证思维能力,提高驾驭复杂局面、处理复杂问题的本领"。当前,林草领域各种利益关系依然十分复杂,安徽省谋划"五大森林行动"时,要善于处理局部和全局、当前和长远、重点和非重点的关系,在权衡利弊中趋利避害,做出最为有利的战略抉择。要"坚持发展地而不是静止地、全面地而不是片面地、系统地而不是零散地、普遍联系地而不是单一孤立地观察事物",不是东一榔头西一棒子,而是要突出改革系统性、整体性、协同性,使"五大森林行动"工作举措形成具有整体性、系统性和耦合性的政策统一体。

(四)完善配套保障机制,提升深化新一轮林长制改革实效

安徽省聚焦森林草原资源保护发展重点,系统谋划、精准发力,推进新一轮林长制改革,进一步完善上下衔接、职责明确的组织体系和责任体系,逐步形成运行有效的体制机制,推动林长制工作进入完善、深化和发挥效能阶段。

一是进一步规范林长履责,压实林长责任。各地积极构建以党政主要领导负责制为核心的责任体系,逐步形成一级抓一级、层层抓落实的工作格局。各级林长实行划片分区负责,重点研究解决森林生态建设重大问题,协调推动林业部门重大事项。宣城市、合肥市、滁州市、池州市、淮南市等建立

林长述职、履责公示、履责考评等制度。安庆市完善了包保、督查、调度、考核和执纪问责等工作推进机制。

二是创新林长履职方式,提升林长履职效能。落实林长会议制度:市、县两级总林长每年主持召开 1—2 次林长会议。落实林长巡林制度:市、县两级林长每年巡林不少于 2 次。落实林长责任区制度:市、县两级林长的责任区要覆盖本行政区各类自然保护地,做到定点联系、定责到人、信息公开。直接联系林业产业基地:市、县两级林长选择 1—2 个商品林基地作为联系点,市、县林长办要及时做好政策指导,加快先进实用技术集成创新和推广应用。直接联系林业经营主体:市、县两级林长直接联系 1—2 个林产品精深加工企业,市、县林长办要顶格服务企业。直接联系基层林长:市、县两级林长直接联系 2 名乡镇级林长和 4—5 名村级林长。

三是完善林长制"五个一"服务平台,切实为各级林长履行职责提供服务保障。市、县林长办及时更新"一林一档"信息,完善"一林一策"经营方案和保护管理措施,做实"一林一技"科技服务、"一林一员"安全巡护、"一林一警"执法保障等工作。

二、积极借鉴长三角地区有益经验深化新一轮林长制改革

近年来,全国各地、各部门围绕全面建立林长制、创建"国家公园"、开展"生态产品价值实现机制试点"和"绿色金融改革创新试验区"、建设"绿水青山就是金山银山"实践创新基地等开展大量创新实践。这些创新实践为安徽林长制工作提供了有益借鉴,为解决林业保护和发展中的问题提供了改革路径。

长三角一体化林长制改革示范区是全国首个跨区域的林长制改革示范区。国家林业和草原局和沪苏浙皖林业部门深入贯彻落实习近平生态文明

思想,主动落实长三角一体化发展战略,出台相关政策文件,夯实经济社会发展生态根基,构建区域生态安全屏障。一年来,沪苏浙皖在林长合作、"五绿"并进、科技创新、信息共享、理论研究等方面不断凝聚共识、加强合作,示范区建设取得积极进展,形成一批合作成果,涌现了一批改革案例,全面丰富了林长制改革的基层实践,为推动林草工作提质增效积累了有益经验、探索了新路子,为安徽省深化新一轮林长制改革提供了有益借鉴。

(一)上海市以林长制推进森林、湿地和公园城市体系建设

"十四五"期间,上海将以全面推行林长制为抓手,推进森林城市体系、湿地城市体系和公园城市体系建设,加强生态资源保护监管,推动生态资源共享共建,进一步提升上海林地、绿地和湿地等生态系统功能。到2025年,形成责任明确、协调有序、体系完善、监管严格、运行高效的林业绿化资源保护发展长效机制,全市建成各类公园1000座以上,人均公园绿地面积在9.5平方米以上,全市森林覆盖率在19.5%以上。

上海市浦东新区按照市委、市政府的决策部署,全面推行林长制工作,全力践行"人民城市"重要理念。浦东新区对标全球卓越城市和社会主义现代化建设引领区目标,坚持把林长制与城市更新相结合,统筹谋划、系统推进,助力浦东新区不断提质升级。

一是构建责任体系,引导社会广泛参与。浦东新区建立区、街镇、村居三级党政林长体系,推进区、街镇、村居、属地单位层层签订林长制责任书,涵盖森林资源发展、保护、管理等各方面,明确任务、落实到人、责任到岗。在浦东新区林长制组织网络的推动下,全社会广泛参与爱林护绿行动。目前全区组建护林员队伍562支,3480人,引导培育民间林长1194名,招募全市第一个外籍林长(Damion Brussels),组建外籍护林队与青少年"红领巾"林长队伍,还吸纳花鸟市场负责人担任"野保"林长。依托"浦东林长"小程

序创设有温度有内涵的双向交流平台,除公布基础信息外,还鼓励公众参与巡林、投诉、建议、AI识别、申请民间林长、林绿认捐认养认建等,大大拓展和丰富了社会参与功能。

二是开展家底梳理,实现资源有效统筹。浦东新区制定生态资源普查细则,并通过遥感监测、卫片解译、数据比对、现场确认等多种方式,对涉及十部门管辖的各类生态资源进行逐一排摸,厘清每片林绿湿地的面积、位置、权属、管理部门等具体要素,绘制形成包含70万个图斑、上千万条海量信息的全区林绿湿资源"一张图""一网络"和"一套数",并细化"一行业一档""一街镇一表"和"一村居一图",为生态治理精细化提供坚实可靠的数据支撑。依托街镇、村居三级城市运行综合管理平台,整合多个工单来源渠道,对涉及林长制的事件和部件工单第一时间实行智能识别、自动立案、即时派单、处置反馈的闭环监管。依托林长制智慧平台,对接各类数据信息,涵盖实时动态、建设进度、养护质量、审批服务、批后监管、经营利用等应用场景。有效破解林绿资源长期以来管理交叉、权属不清、标准不一等老大难问题,并把林地、绿地、湿地、古树名木和野生动植物保护均纳入林长制工作范畴,逐步探索将河道纳入湿地空间,重点保护九段沙、南汇东滩等湿地。积极推进九段沙湿地互花米草治理与信息化建设,投入使用代表国内自然保护区高水平的综合执法船"九段沙"号等。

三是呼应百姓需求,突破城市治理难题。浦东新区坚持把人民群众的感受度和满意度作为林长制工作的生命线,督促各街镇明确3个林长制实事项目,全方位呼应百姓需求。各街镇持续推进林长制与城市更新相结合,巧妙破解治理过程中的难点堵点。例如,高桥镇探索林下非机动车停车,合理、充分发挥林地空间价值,以此解决地铁口非机动车拥挤问题;张江镇结合乡村振兴开展多产业林下经济,实现生态变现;金杨新村街道有效调动企事业单位绿化建设积极性,发动民营企业出资100万元改建企业门口公共

103

绿地;东明路街道积极开展社区花园节,引导居民变荒地为花园;南码头路街道印发《居住区绿化事项标准化操作流程(1.0版本)》,在一定程度上解决了小区停车位与绿化调整等社区管理矛盾问题。

浦东新区坚持把人民群众的感受度和满意度作为林长制工作的生命线,林长制与城市更新相结合,统筹谋划、系统推进,严密的组织与管理体系是其前提,详尽的家底梳理是其基础,高效的信息化手段是其翅膀,进一步落实保护和发展森林资源责任制,巧妙破解社会治理过程中的难点堵点,助力浦东新区不断提质升级。

(二)江苏省突出特色,助力"强富美高"新江苏建设

江苏省在全面推行林长制的过程中,结合林业建设和森林资源管理工作的实际,提出了一系列富有江苏特色的措施和要求。在总体要求中,突出美丽江苏建设,提出以保障生态安全为导向、以培育森林资源为基础、以推动绿色富民为要求;在主要目标中,提出"一增、二保、三防"(增加森林蓄积量,保持森林覆盖率和林地保有量稳定,防控森林火灾、防治林业有害生物、防范破坏森林资源行为)的总体目标;在主要任务中,立足资源禀赋实际,从提升森林蓄积量、增加碳储量、优化林种树种结构、发展林业产业等方面,增加了"提升森林经营水平"内容,并将长三角森林城市群建设,国有林场和重点林区通信、电力、供水等基础能力建设纳入主要任务。

江苏省东台市按照省委、省政府的决策部署,在推行林长制的过程中,立足世界自然遗产、候鸟麋鹿栖息地等地缘优势,统筹山水林田湖草沙系统治理,组建"陆上林长轻骑兵""海上林长特战队""空中林长护航员",实行沿海湿地网格化巡查管护,探索"陆海空"全覆盖新途径新方法,为"平原森林、黄海湿地、候鸟天堂"三张生态名片保驾护航。

一是组建"陆上林长轻骑兵"。东台市有连片6.8万亩的黄海海滨国家

森林公园和绵延200多公里的沿海防护林。全市森林资源被划分为23个网格,每个网格配齐配强林长、监管员、护林员、技术员、警员等护林"一长四员"。对于重要林区高规格配置林长,全市三级林长627名,"林长轻骑兵"成员847名;统一护林标识,规范配置装备,现场护林轻骑小队登录"护林通"日常巡查,后台市林长指挥中心通过信息管理平台和"林长通"实时监控,每日在线活跃用户300人以上,巡林护林超1.8万次。

二是成立"海上林长特战队"。东台市有全球第二、全国唯一滨海湿地类型世界自然遗产地核心区,300多万亩国际重要湿地。依托全市12个渔民互助合作社,组建沿海区、镇、社三级海上林长和66支"海上林长特战小队",按照实际使用海域和常年航行海道划分318个责任片区,实行沿海湿地网格化巡查管护,打击和查处破坏滨海湿地资源的违法行为。

三是成立"空中林长护航员"。东台市有800多万只过境候鸟,其中勺嘴鹬、青头潜鸭、小青脚鹬等13种被列为IUCN(世界自然保护联盟)红色名录极危、濒危物种。根据鸟类迁徙栖息规律,东台市划分"三河口、四湾滩"(东台河、梁垛河、方塘河等三条入海河口和蹲门、巴斗、条子泥、方东等四处鸟类栖息觅食湾滩)"野保"林长责任区。护航小队由属地林长、"野保"工作站、爱鸟协会和志愿者组成,专人专班常驻常巡常查,协同公安、海警、联防等共同保驾护航,确保候鸟"人身"安全。

东台市林长制工作精准发力,工作成效初步彰显。在"非农化""非粮化"宏观政策影响下,向沿海要潜力,"十四五"规划建成万亩海防林。2022年新增成片造林4350亩,其中盐碱地1110亩,新建省级绿美村庄8个,25.9万人次参与增绿护绿,投身"义务植树互联网+"行动。林业保护和发展逐步从增加森林总量,向提升森林质量、保护生物多样性等方面转变。加强湿地、海洋等多样性生态系统的保护力度,高标准完成1.7万亩沿海湿地修复,滩涂候鸟种群由一年前的388个增加至410个;退渔还湿重构浅水沙滩自然地貌等生态修复项目,创造候鸟保护全球典范。统筹林业发展和乡村振兴,近三年来创建省级绿美村庄 25 个;大力发展生态林业、智慧林业、创意林业,推广"林业+"八大模式和森林旅游康养等绿色产业。黄海海滨国家森林公园先后获得全国首批森林康养基地、全国绿化先进集体、全国最美林场、全国"践行习近平生态文明思想先进事迹"等荣誉;新曹农场、新街镇入选国家林下经济发展典型案例,新街镇建成全国闻名的苗木基地,"新街女贞"获得国家农产品地理标志。

(三)浙江省加快改革步伐,建设共同富裕林业示范区

"十四五"时期,浙江将按照高质量发展建设共同富裕示范区的新使命,坚持打造全国林业现代化先行区、全国林业践行"绿水青山就是金山银山"理念示范区、全国林业高质量发展标杆区三大定位,为构建国家生态文明试验区先行探路,为全国实现共同富裕先行探路。

浙江在全面推行林长制过程中,加快林业改革步伐,启动集体林地役权制度改革,构建高效能发展的机制体制;完善林业金融与生态产品价值实现机制,建立省域森林碳汇补偿和交易机制,探索更多生态产品价值实现路径的"浙江经验";强化创新驱动,全面应用林业"一张图"数字化平台,提高林业数字化管理和服务能力,提升现代林业治理体系和水平;全面推进林业五大千亿主导产业发展,拓宽林业"两山"转化通道。

浙江省丽水市景宁县是全国唯一的畲族自治县。景宁县把深入推行林长制改革作为推进共同富裕的关键抓手,在"管绿"上强化保障,"一张网、一条线、一盘棋",逐级压实责任;在"护绿"上固本拓新,全方位防治管护,构建多方共享格局;在"活绿"上多措并举,加速林业赋能富民产业,努力打造林业高质量发展先行县。

一是在"管绿"上强化保障,逐级压实管山护林责任。建章立制,构建

"一张网"制度体系。坚持高站位谋篇布局,建立健全林长制考核等各项工作制度。景宁县在全省率先出台《打造全省林业高质量发展先行县实施意见》《实现共同富裕林业发展政策》等文件,努力把林业产业培育成实现共同富裕的支柱产业。分层推进,打造"一条线"联动队伍。深化"林长+警长+护林员"联动管理体系,探索"林长制+N长"涉林违法犯罪协作机制,推动森林资源刑事、民事、行政案件"三审合一",坚决严厉打击毁林占林等违法犯罪行为。营造浓厚氛围,创新"一盘棋"工作格局。景宁县综合运用好林业、宣传、融媒体等部门的力量,创新推出"百名林长说林长制"活动,通过微信公众号、融媒体等渠道发布《一图读懂林长制》及"林长说"系列评论,实现林长制从林业部门"独角戏"转变为全县"大合唱"。

二是在"护绿"上固本拓新,构建多方共建共享格局。全天候防治,守牢森林生态安全线。景宁县打造"林长+警长+护林员+森防技术"监测预警网络,采用"疫木清理无痕化"和"松材线虫病注射液注干防治"模式,构建松材线虫病疫情全链条防治体系。全覆盖防护,织密森林资源保护网。景宁县成立专班,优化生态空间布局,统筹推进瓯江源头区域山水林田湖草沙保护和修复工程建设,全力创建钱江源-百山祖国家公园。全方位管护,构建数字管理防火墙。景宁县推行"基层护林+应急队伍+行政执法"共建新模式,打造"防火码"系统 2.0 版和智慧生态云服务平台,研究开发"一树一码一专家"应用场景,不断提升森林资源监测监管信息化水平。

三是在"活绿"上多措并举,加速林业赋能富民产业。提升森林资源覆盖面,绘制全域秀美新图景。景宁县大力开展森林城市、珍贵彩色健康森林、"一村万树"示范村等城乡绿化建设;积极推进公益林(天然林)管护与质量提升,构建"智慧公益林"管理系统。提升林业产业附加值,放大绿色富民新优势。创新推出"景宁600"公共区域品牌,重点打造林下经济、木本油料等特色产业;加快推进竹木产业转型升级和一二产提质增效。提升森林康养吸引力,构建林旅融合新格局。景宁县发布全国首个特色(呼吸系统)森林康养规范和指南,抢抓列入国家级森林康养试点县和碳中和先行区契机,启动中国畲乡森林康养博览园建设,争创零碳试点乡镇。

三、以问题导向和目标导向落实落细新一轮林长制改革

准确把握新发展阶段的新形势新任务新要求,结合近年来各地、各部门的创新实践和安徽省新一轮林长制改革中存在的突出问题,下一阶段落实落细新一轮林长制改革的建议如下:

(一)强化系统观念,提升生态系统质量

山水林田湖草沙是生命共同体,需要一体化保护和系统治理。

一是持续推进自然保护地整合优化。科学合理调整自然保护地范围和功能分区,健全完善自然保护地管理机构和管理体制,分类有序解决村庄、基本农田、人工商品林等历史遗留问题,确保重要自然生态系统、自然遗迹、自然景观和生物多样性得到系统保护。

二是强化湿地保护修复。完善湿地分级管理体系,落实湿地保护目标责任,健全湿地用途监管机制,尽快恢复生态湿地蓄洪区的行蓄洪功能和生态保护功能。

三是切实抓好松材线虫病防控。近年来,我省松材线虫病疫情防控工作成效明显,但疫情发展趋势尚未得到根本遏制。省政府及相关部门可以抓难点、求突破,制定松材线虫病疫情防控攻坚行动方案,积极配合国家林业和草原局做好"松材线虫病防控关键技术研究与示范"揭榜挂帅项目、"早期诊断技术"、"新型防控技术"等试验示范,将松材线虫病防控纳入合肥综合性国家科学中心科研攻关项目,推动产学研深度融合,在关键防治技术领

域寻求突破。

四是进一步优化国土绿化格局。科学划定和合理安排绿化用地,既坚决遏制耕地"非农化"、防止耕地"非粮化",又保护好现有林地、湿地资源,多层次拓展国土绿化空间。以江淮运河和新安江生态廊道建设为突破口,全面实施长江、淮河、江淮运河和新安江生态廊道建设。

五是健全国土绿化动员机制,积极探索吸引社会资本参与植树造林的新模式。创新全民义务植树尽责形式,鼓励引导企业和个人通过认建、认养、认护、认捐等方式参与植树造林,并建立相应的林权归属、利益保护和价值实现机制,对集中连片开展国土绿化、生态修复达到一定规模和预期目标的经营主体,在符合国土空间规划的前提下,将一定的治理面积用于生态旅游、森林康养等产业开发。

(二)推进自然保护地体系建设,提高生态资源保护水平

建立以国家公园为主体的自然保护地体系,是生态文明和美丽中国建设具有全局性、统领性、标志性的重大制度创新。"国家公园建设是一项系统工程,涉及自然资源资产产权、国土空间用途管制、生态补偿和生态损害责任追究等多项制度创新。"

一是探索创建统一高效的管理体制。建立健全县级协同管理机制、权责清单、监管制度、生态监测评估机制和社会监督机制等管理制度,从根本上破解自然保护地多头管理、职能分散、交叉重叠的碎片化问题,探索建立了统一规范的新体制新模式。

二是创新保护地役权改革,实现资源统管。在不改变森林、林木、林地权属的基础上,先由农户或村民小组自行委托村民委员会管理,再由村民委员会将使用权和管理权统一授权自然保护地管理局,明确约定权利与义务,通过一定的经济补偿限制权属所有者的行为。

三是优化执法资源配置,建立层级分明的执法体系。实现全民所有自然资源资产统一管理和国土空间管制统一执法,积极探索自然资源刑事司法与行政执法的高效联动,开展县域集中统一高效的自然资源综合执法。

（三）坚持改革创新,推动林业高质量发展

一是不断深化集体林权改革。进一步加大集体林权制度改革力度,在深入研究总结各地经验的基础上,尊重群众首创精神,完善集体林地"三权"分置运行机制,落实和保障经营权、处置权和收益权,拓展林权权能,推动林权流转,增强林权的经济功能。

二是创新林业绿色金融。鼓励引导金融机构开发贷款周期长、利率低、适合林业发展规律的金融产品,探索信用支撑、财政担保、保险兜底等担保机制。建立林地经营权抵押贷款和公益林补偿收益权质押贷款制度,创新林权收储担保融资模式,扩大普惠林业金融覆盖面。创新林业融资方式,鼓励林业企业通过定向增发、发行企业债券等方式融资,支持龙头企业上市融资。

三是探索林业碳汇交易机制。加强碳汇工作研究,强化林业碳汇计量监测,开展林业固碳能力调查监测、温室气体排放林业指标基础统计、森林增长及固碳增汇能力评估等工作,加快构建森林碳汇计量监测体系,形成森林、湿地、草原(草地)、木质林产品等林业碳汇数据库,定期发布计量数据和监测成果。鼓励地方积极稳妥开展林业碳汇交易试点,结合林业建设重点工程和国有林场森林经营,建立林业碳汇项目储备库,积极参与国家碳汇市场交易。

四是推进林业产业高质量发展。林业高质量发展的关键在产业,没有产业支撑的发展是不可持续的。切实转变观念,以市场逻辑谋事、资本力量办事、整合资源干事,充分挖掘发挥林业资源价值,大力开展"双招双引"。

要建立省、市两级林业产业项目库并动态更新,强化项目包装设计,充分发挥"苗交会"等展会的平台作用,组织集中发布推介,有针对性地开展精准招商。突出龙头企业在林业产业发展中的关键地位,主动向企业问需问计,聚焦企业所急所盼。

(四)探索"两山"转化路径,创新生态产品价值实现机制

一是按照"政府搭台、市场运作、农户参与、企业主体"的模式,搭建自然资源管理、整合、转换、提升平台,有效推动市场化和可持续运营。第一,政府搭台。政府组建平台公司,掌控资源,在宏观层面上积累出规模化的效应,先期负责提供自然资源资产数据信息、对外招商推介、资本技术导入等服务。第二,市场运作。以平台公司为主体,按照完全市场化的方式进行自然资源资产的开发运营。第三,农户参与。支持引导镇村集体经济、合作社、农户等入股项目开发,共同对当地自然资源资产进行持续开发和稳健运营,推动农民收入增长和农村经济发展。第四,企业主体。吸引生态、绿色、高新科技等企业,在遵循生态规则和可持续发展理念的前提下,政府给予一定政策优惠和良好的营商环境,共同运营自然资源和自然资产。

二是在交易产品方面,对山水林田湖及古民居、文化等各类生态资源集中收储、整治,并打包进行市场化交易,通过公开竞争的方式选择合适的开发运营商负责持续运营,实现生态资源价值显化和价值增值。

三是在交易规则方面,针对自然资源非标性导致的收益分配不均的问题,建立灵活定价、交易机制,形成"村集体内部完成相对定价、生态产品市场产生绝对定价、金融工具发挥放大作用"的"三级"定价机制,充分考虑各方意愿,实现利益共享,有效保障各方利益。

四是在产业导入方面,通过对平台公司收储的各类碎片优势生态资源进行规模化整合,形成可交易的优质连片资产包对接市场,涉及现代农业、

旅游、康养、金融等多种绿色产业业态,并引入市场化资金和专业运营商整体运营,从而形成专业化、产业化运营机制。

(五)强化责任落实,推进林业治理现代化

一是各地、各相关部门都要切实扛起责任,强化组织推动,确保党中央和安徽省委、省政府部署落地见效。各级林长要深入一线,担负起组织实施深化新一轮林长制改革的责任。各级林长会议成员单位和协助单位明确责任,找准坐标,加强指导服务,积极协调解决实施"五大森林行动"中的困难和问题。

二是省林长办最大限度调动地方、基层以及各方面的积极性、主动性和创造性,及时梳理总结各地的好经验、好做法,对实践证明行之有效的经验和做法,及时推广应用,尽快在面上推开。

三是省政府及有关部门聚焦市场化多元化生态补偿机制、生态产品价值实现机制等中央决策部署,研究完善相关实施方案,注重各项改革协调推进,把制度优势转化为治理效能。

四是加强基层林业队伍建设、完善林业基础设施、强化林业科技支撑等,为林长制改革提供有力支撑和保障,促进林业治理能力现代化。

总之,为深化新一轮林长制改革,不断巩固并扩大改革成效,需要以习近平生态文明思想为遵循,以习近平总书记视察安徽重要讲话指示精神为指引,秉承新发展理念,坚持补短,瞄准林业碳汇、生态产品价值实现、林权改革等难点热点问题,拿出突破性举措,打造改革亮点,进一步拉高标杆、持续用力,积极推进林业治理体系和治理能力现代化,确保林长制改革在全国继续走在前列。

下编：

高质量推进安徽全国林长制改革示范区建设的

理论与实践研究

引　言

　　生态文明建设是关系到中华民族永续发展的根本大计，"生态兴则文明兴，生态衰则文明衰"，良好的生态环境是最普惠的民生福祉。党的十八大把生态文明建设提高到与经济建设、政治建设、文化建设、社会建设并列的战略高度，形成了中国特色社会主义"五位一体"的总体布局。党的十九大进一步要求，到 2035 年基本实现社会主义现代化，生态环境根本好转，美丽中国目标基本实现；到本世纪中叶把我国建成富强民主文明和谐美丽的社会主义现代化强国，生态文明全面提升。中国式现代化的一个重要特征就是"人与自然和谐共生的现代化"。习近平总书记在党的二十大报告中，深刻总结了党的十八大以来我国生态文明建设发生的"历史性、转折性、全局性变化"，同时指出我国"生态环境保护任务依然艰巨"，并以专章部署"推动绿色发展，促进人与自然和谐共生"，进一步深化了习近平生态文明思想，为继续推动绿色发展指明了方向，成为安徽继续高质量推进全国林长制改革示范区建设的根本遵循。

　　2017 年 3 月，安徽省在全国率先探索实施林长制改革，建立以党政领导责任制为核心的省、市、县、乡、村五级林长责任制体系，较好地解决了林业保护发展中长期存在的"理念淡化、职责虚化、权能碎化、举措泛化、功能弱化"问题,有效促进了林业治理能力的提升。2019 年,林长制被写入新修订的《中华人民共和国森林法》,这标志着安徽在推进林业治理体系和治理能力现代化之路上迈出了重要步伐。

随着安徽林长制改革的推进,2019 年 10 月 19 日,"全国林长制改革示范区"正式在安徽揭牌,这标志着在安徽省委、省政府深惟重虑、紧锣密鼓的推动下,全省各级林业部门找准定位实化举措,拉高标杆精准发力,成功创建了全国首个林长制改革示范区。① 自此,安徽省积极开展全国林长制改革示范区建设,成为深化林长制改革的又一创举,也为全国提供了可复制可借鉴的、以"林长制"实现"林长治""林常治"的示范经验。

安徽全国林长制改革示范区立足区域资源禀赋和林长制改革绩效,将全省 16 个市划分为皖北平原、沿淮、江淮分水岭、沿江、皖西大别山、皖南山区等六大片区,从中选定 30 个不同类型的林长制改革示范区先行区,确定 90 个体制机制改革创新点,并且要求先行区建设围绕打造"绿水青山就是金山银山实践创新区""统筹山水林田湖草系统治理试验区""长江三角洲区域生态屏障建设先导区"三大目标定位,紧扣协调推进"护绿、增绿、管绿、用绿、活绿"五大任务,后又深化为"五大森林行动",即平安森林行动、健康森林行动、碳汇森林行动、金银森林行动、活力森林行动,成为安徽高质量推进全国林长制改革示范区建设的行动指向与实践指南,有力地推动了安徽加快经济社会全面绿色转型,促进人与自然和谐共生。

---

① 牛向阳.加快全国林长制改革示范区建设 奋力推进安徽林业治理体系和治理能力现代化[J].安徽林业科技,2020,46(1):3-8.

第一章 安徽全国林长制改革示范区的发展历程与时代价值

党的十九大报告指出,我国社会主要矛盾已经转化为人民日益增长的美好生活需要和不平衡不充分的发展之间的矛盾。建设人与自然和谐共生的现代化,既要创造更多物质财富和精神财富以满足人民日益增长的美好生活需要,也要提供更多优质生态产品以满足人民日益增长的优美生态环境需要。林草兴则生态兴,森林和草原对维护国家生态环境和人类经济社会可持续发展具有基础性、战略性作用。林业是生态文明建设的关键领域,提升林业治理能力,充分发挥林业资源的功能,是建设生态文明和美丽中国的客观要求,高质量建设安徽全国林长制改革示范区是贯彻落实习近平生态文明思想的实践行动,对生态文明建设具有重要的示范引领意义和推广普及的时代价值。

一、安徽全国林长制改革示范区的创建与发展历程

安徽全国林长制改革示范区的创建是在林长制改革取得较好成效的基础上深化林长制改革的一项重要制度创新,也是贯彻落实习近平生态文明思想的重大实践探索。安徽全国林长制改革示范区建设与推进林长制改革

是相辅相成的两项工作,林长制改革示范区建设是推进林长制改革的试验载体和重要内容;系统科学推进林长制改革是创建全国林长制改革示范区的重要基础和基本支撑。

（一）安徽林长制改革为安徽省创建全国林长制改革示范区奠定了基础

生态文明建设离不开林业的发展,大力发展林业是建设生态文明的重要途径。2016 年 4 月,习近平总书记考察安徽时就明确要求,"把好山好水保护好,实现绿水青山和金山银山有机统一,着力打造生态文明建设的安徽样板,建设绿色江淮美好家园"。

但是长期以来,山林管护一直是由林业部门来组织执行,单打独斗,力量薄弱,管理模式已不能满足林业资源修复、保护和开发的需求。为了深入贯彻落实习近平总书记考察安徽的重要讲话精神,解决林业生态文明建设管理和林业保护发展中长期存在的"理念淡化、职责虚化、权能碎化、举措泛化、功能弱化"等突出问题,探索现代林业高质量发展新路径,时任安徽省委书记李锦斌在 2017 年 3 月参加义务植树时提出要探索建立林长制。之后就在合肥、安庆、宣城三地先试先行林长制,并在试点的基础上开始积极向全省推广,有效形成了林长制改革的安徽方案和安徽经验。

2017 年 9 月安徽省委、省政府印发了《关于建立林长制的意见》,进一步明确了各级党政领导干部保护发展森林草原资源的目标责任。自此,安徽在全国省级层面率先建立了以党政领导责任制为核心的省、市、县、乡、村五级林长组织制度,开启了保护好山好水,发挥生态优势,推动林业高质量发展的有益探索。紧接着,2017 年底,安徽省 16 个地市相继出台了林长制实施方案;至 2018 年,全省初步完成全面推进构建五级林长制制度体系;2018年 4 月,为深化林长制改革,安徽省委、省政府又出台了《关于推深做实林长制改革优化林业发展环境的意见》,制定了优化林业发展的 22 项支持政策,预示着我省林长制正式进入新一轮的改革深化阶段。

林长制改革实施以来,安徽省自上而下不断出台新政策、新举措,积极推进,成效明显,领跑全国,也为安徽省酝酿与创建全国林长制改革示范区奠定了坚实的制度基础和实践基础。安徽全国林长制改革示范区建设正是抓住林长制改革的历史性机遇,努力形成更多可复制、可推广的制度成果和实践经验,是推动林业高质量发展的重要途径,也是全面推进林业生态文明建设纵深发展的迫切需要。

(二)安徽全国林长制改革示范区的创建与发展历程

安徽全国林长制改革示范区经历了从酝酿筹划到推进实施的发展历程。2019 年 1 月,全国林业和草原工作会议在合肥召开,现场考察了安徽林长制改革情况,并鼓励全国各地深入探索林长制。随着安徽林长制改革的深入推进,为进一步推深做实林长制改革,打造生态文明建设的安徽样板,安徽省紧锣密鼓地筹划创建首个全国林长制改革示范区。

2019 年 4 月,国家林业和草原局同意支持安徽省创建全国林长制改革示范区,先试先行、作出示范,为全国林业发展提供范例。2019 年 9 月 10 日,根据国家林业和草原局支持安徽省创建全国林长制改革示范区意见,安徽省委、省政府出台的《安徽省创建全国林长制改革示范区实施方案》(以下简称《方案》)正式下发实施。该《方案》明确了"绿水青山就是金山银山实践创新区、统筹山水林田湖草系统治理试验区、长江三角洲区域生态屏障建设先导区"三大战略定位和"护绿、增绿、管绿、用绿、活绿"的五大重点任务的 17 项具体举措。2019 年 10 月 19 日,在 2019 中国·合肥苗木花卉交易大会上,时任安徽省委、省政府主要负责同志,国家林业和草原局主要负责同志和分管负责同志共同为首个全国林长制改革示范区落户安徽揭牌。

2020 年 5 月安徽省林长办印发《关于开展林长制改革示范区先行区建

设的通知》，按照分类指导、分区突破、系统集成的原则，在全省选定 30 个林长制改革示范区先行区，重点探索 90 项体制机制创新点，以"点"连"线"带"面"，通过"先行区"的引领示范作用，系统集成地推进安徽林长制改革示范区建设。

2020 年 8 月 17 日，安徽省林业局出台了《关于深化林业科技创新支撑全国林长制改革示范区建设的实施意见》，围绕全国林长制改革示范区目标定位，提出了推进林业科技创新的重点任务和政策举措，强化示范区建设科技供给。

至此，我省一系列顶层创新设计使林长制制度体系更加科学规范。安徽全国林长制改革示范区先行区在推进建设中均能立足本地实际，发挥比较优势，对照任务清单，落实落细，较好地完成了首定的目标和任务，取得了阶段性成效。下一步，将进入总结经验、推广全国的深化发展阶段，彰显中国特色社会主义的制度建设优势。

二、安徽全国林长制改革示范区建设的重要意义

安徽创建全国林长制改革示范区既是进一步推深做实林长制改革的必然要求，是实现林业产业高质量发展的现实需要，也是打造生态文明建设安徽样板的重要抓手，因此示范区建设意义重大。

（一）安徽全国林长制改革示范区建设是推深做实林长制改革的必然要求

安徽创建全国林长制改革示范区是全面落实林长制改革的重要创新。建立林长制的主要目的在于促进各级职责的有效落地、长效机制的不断优化以及生态治理系统的逐步健全，以实现对森林资源的有效管护。自 2017

年我省首创林长制以来,林长制改革始终以森林资源保护发展为引领,构建以党政领导负责制为核心的责任体系,坚持系统思考、科学统筹,实施山水林田湖草沙一体化生态保护和综合利用,不断健全完善管理制度,将林长制的制度优势转化为治理效能。

林长制改革在保护和发展林草资源方面已起到了重要的作用,积累了丰富的经验。但是在推进林长制改革的过程中,还存在着一些机制和政策不完善、保障措施不到位和社会参与不足等问题,寻找破解这些问题的低成本和最直接手段,就是设立林长制改革示范区。林长制改革示范区建设是促进林业治理体系完善的必然要求,是引领林长制改革推深做实的重要举措。建设林长制改革示范区将有利于巩固林长制改革成效,完善体制机制;有利于总结示范经验、探索新做法,尤其为改革成效显著的区域提供展示平台;有利于行政资源向林业领域倾斜,优先解决突出问题。通过改革示范区的先行试点,不断积累经验和总结不足,完善林长制改革探索路径,从而提升改革成效,为未来推进林业改革提供示范奠定坚实的基础。

(二)安徽全国林长制改革示范区建设是实现林业高质量发展的现实需要

党的十九大报告指出高质量发展是我国"十四五"乃至更长时期经济社会发展的主题。党的二十大报告再次强调"我们要坚持以推动高质量发展为主题",并明确指出"高质量发展是全面建设社会主义现代化国家的首要任务"。高质量发展需要政治、经济、社会、科技和生态领域全方位、多角度的融合和支撑。发挥生态优势,推动高质量发展是建设人与自然和谐共生的现代化、促进经济社会全面绿色转型的本质要求。

当前是我国林业发展由量变到质变的关键飞跃期,但我国林业发展不平衡不充分的问题仍然存在。诸如森林资源总量不足、质量不高,林业产业规模化、现代化水平有待提高等方面,与此同时,也还有个别的地方和部门对于如何实现高质量发展思路不清、路子不明,习惯于"先污染、后治理"的老路子,协同推进经济高质量发展与生态环境高水平保护的新路子不会走,因此,林业发展任重道远。

2019年2月国家林业和草原局印发了《国家林业和草原局关于促进林草产业高质量发展的指导意见》,明确指出要合理利用林草资源,充分发挥森林和草原生态系统多种功能,促进资源可持续经营和林业产业高质量发展。《安徽省创建全国林长制改革示范区实施方案》更是明确要求:以林业高质量发展为目标,以"强化护绿,切实保障林业生态安全""加快增绿,推进森林资源高质量发展""严格管绿,加强林业执法监管""科学用绿,促进林业资源持续高效利用""深化活绿,创新林业发展支持保障机制"为抓手,不断完善省、市、县、乡、村五级林长目标责任体系。由此,林业高质量发展是经济社会高质量发展的重要组成部分,是实现人与自然和谐共生的必然选择,将高质量发展融入林业领域是林业发展的必然趋势。创建安徽全国林长制改革示范区就是要以改革为契机,加快推动林业产业高质量发展,增强林业发展动能,补齐产业短板,促进三产融合,为林业高质量发展发挥示范引领的作用。

(三)安徽全国林长制改革示范区是打造生态文明建设安徽样板的重要抓手

党的十八大以来,在以习近平同志为核心的党中央坚强领导下,在习近平生态文明思想指引下,我国生态文明建设取得显著成效,生态环境质量明显改善,美丽中国建设迈出坚实步伐。创建全国林长制改革示范区就是落实习近平总书记打造生态文明建设安徽样板要求的具体实践。

林长制是针对林业发展的一项生态文明领域的重大制度创新,其目的在于有效推动林业资源保护和发展,更好地推动生态文明建设,实现美丽中国目标。安徽全国林长制改革示范区创建是推进生态文明建设的重要载体,是实现经济社会与生态环境协调发展的重要路径。安徽作为林长制改革的重要发源地和先行实践地,不仅要成为优质生态产品的直接供给者,更应该成为全面深入推进生态文明建设各项领域改革的积极探索者和实践者。

安徽创建全国林长制改革示范区,打造生态文明建设安徽样板是更好满足人民对美好生活新期待的重要途径。"良好的生态环境是最公平的公共产品,是最普惠的民生福祉。"安徽全国林长制改革示范区统筹"五绿"建设,是有效改善生态环境、增进人民群众生态福祉的重要手段。

安徽创建全国林长制改革示范区,打造生态文明建设安徽样板是推进国家生态治理体系和治理能力现代化的根本要求。林业资源是生态文明建设的主力军,也是生态文明建设的关键领域,更是建设美丽中国的核心元素。生态文明制度建设是提升生态治理能力和水平的重要保障。林长制改革示范区建设是完善和优化生态环境治理制度,解决生态环境问题的有力抓手。

安徽创建全国林长制改革示范区,打造生态文明建设安徽样板是协调区域发展和生态环境保护、推动高质量发展的重要使命。安徽是长三角地区重要的水源涵养地和生态安全屏障区,战略地位极其重要。安徽全国林长制改革示范区建设具有筑牢长三角生态屏障的先天自然条件和自身的使命担当,是提升生态优势,为区域经济社会发展提供有利的生态要素支撑的重要保障。

因此,立足资源禀赋,发挥比较优势,加快推进安徽全国林长制改革示范区建设,以创建安徽全国林长制改革示范区为抓手,加强生态空间保护,优化区域生态系统,筑牢长三角生态保护屏障,守护好绿水青山,打造具有重要影响力的绿色发展样板区,是实现安徽全国林长制改革示范区引领全国示范的必然选择。

三、安徽全国林长制改革示范区建设的时代价值

生态环境是人类生存和发展的根基。生态文明是人类文明的一种形式,是以人与自然、人与人、人与社会和谐共生、良性循环、全面发展、持续繁荣为基本宗旨的社会形态,是人类为保护和建设美好生态环境而取得的物质成果、精神成果和制度成果的总和。

（一）安徽全国林长制改革示范区建设契合习近平生态文明思想的实践要求

生态文明建设是事关中华民族永续发展的千年大计,是新时代中国特色社会主义的一个重要特征。建设生态文明,是党中央作出的重大决策部署,关系人民福祉,关乎民族未来,功在当代,利在千秋。习近平生态文明思想是在全面分析我国生态文明建设和生态环境保护面临严峻形势的基础上,深刻回答了为什么建设生态文明、建设什么样的生态文明、怎样建设生态文明等重大理论和实践问题,内涵丰富,主题鲜明,引领我国生态文明建设和生态环境保护从认识到实践的质的飞跃,是马克思主义生态观的中国化,具有重要的理论渊源、实践意义和时代价值。

1.习近平生态文明思想内涵丰富、特征鲜明、与时俱进

习近平总书记一直对生态文明建设非常重视,早在正定、厦门、宁德、福建、浙江、上海等地工作期间,就亲自谋划和部署地方的环境保护和生态建设。党的十八大以来,以习近平同志为核心的党中央加强党对生态文明建设的全面领导,把生态文明建设摆在全局工作的突出位置上,全面加强生态

文明建设,一体治理山水林田湖草沙,开展了一系列根本性、开创性、长远性的工作,决心之大、力度之大、成效之大前所未有,生态文明建设从认识到实践都发生了历史性、转折性、全局性的变化。

党的十九大明确了到 21 世纪中叶把我国建设成为富强、民主、文明、和谐、美丽的社会主义现代化强国的目标,十三届全国人大一次会议通过的宪法修正案,将这一目标载入国家的根本法,进一步凸显了建设美丽中国的重大现实意义和深远历史意义,进一步深化了我们党对社会主义建设规律的认识,为建设美丽中国、实现中华民族永续发展提供了根本遵循和保障。

2018 年 5 月 18 日至 19 日,全国生态环境保护大会在北京召开,习近平总书记发表重要讲话,对全面加强生态环境保护、坚决打好污染防治攻坚战作出再部署,提出新要求。这一系列决策部署不仅充分体现了党中央、国务院解决突出生态环境问题、提供更多优质生态产品、满足人民日益增长的优美生态环境需要的坚定决心和坚强意志,也标志着习近平生态文明思想的正式确立。

习近平生态文明思想坚持把马克思主义基本原理同中国发展实际相结合,同中华优秀传统文化相结合,是关于生态文明建设总体规律的科学,具有科学性和真理性的特征;是以人民为中心的生态文明思想,要求实现社会正义和生态正义的统一,具有人民性和公正性的特征;是来源于生态文明建设实践又高于这一实践的理论创新成果,具有实践性和创新性的特征;是与时俱进的科学典范,具有开放性和时代性的特征;是系统完备的思想理论体系,具有整体性和系统性的特征。

习近平生态文明思想核心内容集中在生态文明建设必须遵循的"十个坚持"和"五大体系"上。"十个坚持"是指:坚持党对生态文明建设的全面领导,坚持生态兴则文明兴,坚持人与自然和谐共生,坚持"绿水青山就是金山银山",坚持良好生态环境是最普惠的民生福祉,坚持绿色发展是发展观的深刻革命,坚持统筹山水林田湖草沙系统治理,坚持用最严格制度最严密法治保护生态环境,坚持把建设美丽中国转化为全体人民自觉行动,坚持共谋全球生态文明建设之路。同时,习近平总书记根据我国生态文明建设的探索和实践,指出要加快构建五大生态文明体系,这是对生态文明建设任务的具体部署。这五大生态文明体系,一是要加快建立健全以生态价值观念为准则的生态文化体系,二是要加快构建以产业生态化和生态产业化为主体的生态经济体系,三是要加快构建以改善生态环境质量为核心的目标责任体系,四是加快构建以治理体系和治理能力现代化为保障的生态文明制度体系,五是加快构建以生态系统良性循环和环境风险有效防控为重点的生态安全体系。生态文明的"五大体系"不但是建设美丽中国的行动指南,也为构建人类命运共同体贡献了"中国方案"。

2. 安徽全国林长制改革示范区建设是践行习近平生态文明思想的重要体现

安徽建设全国林长制改革示范区,高度契合习近平生态文明思想的实践要求,是全面贯彻习近平生态文明思想的重大实践体现。

第一,示范区建设完全遵循生态文明建设的"十个坚持"。

——示范区建设坚持党的全面领导,深刻体现着坚持生态兴则文明兴的理念。安徽全国林长制改革示范区的建设,本质就是要坚持节约资源和保护环境,坚定走生产发展、生活富裕、生态良好的文明发展道路,而生态发展之路带来的生态环境变化将直接影响着文明的兴衰演替。安徽全国林长制改革示范区的建设,依托林长制的改革,始终贯穿着"生态兴则文明兴"的理念,建立起了以党政领导负责制为核心的省、市、县、乡、村五级林长责任目标体系,这是加强党对示范区建设全面领导的集中体现。党委政府在林长制改革示范区建设中负总责,一级政府领一级政府的责任,层层落实,将示范区建设情况纳入党委政府年度考核和领导干部个人考核绩效中,以深化党的领导,确保示范区建设有保障。

——示范区立足自身区位,加强生态资源保护,集中体现全面落实人与自然和谐共生的基本原则。人因自然而生,人与自然是一种共生关系,对自然的伤害最终会伤及人类自身。只有尊重自然规律,才能有效防止在开发利用自然上走弯路。保护自然就是保护人类,建设生态文明就是造福人类。尊重自然、顺应自然、保护自然,像保护眼睛一样保护生态环境,像对待生命一样对待生态环境,推动形成人与自然和谐发展现代化建设新格局,还自然以宁静、和谐、美丽。例如岳西县鹞落坪自然保护区,保护区内生物资源丰富,几乎囊括了大别山区所有的生物物种和植被类型,还拥有几十种地方特有动植物。目前鹞落坪自然保护区的森林覆盖率已经超过95%。而优美的自然环境和丰富多样的生态资源系统又吸引了众多游客徜徉其中并感受自然的魅力,真正实现了人与自然的和谐共生。

——示范区结合自身特色,坚持绿色发展是发展观的深刻革命,发展林业绿色富民产业,集中体现了坚持"绿水青山就是金山银山"的核心理念。绿水青山既是自然财富、生态财富,又是社会财富、经济财富。保护生态环境就是保护生产力,改善生态环境就是发展生产力。良好生态本身蕴含着无穷的经济价值,能够源源不断创造综合效益,实现经济社会可持续发展。必须坚持和贯彻绿色发展理念,平衡和处理好发展与保护的关系,推动形成绿色发展方式和生活方式。例如全椒县以全国林长制改革示范区先行区建设为契机,积极创新特色林业产业集群发展模式,通过集中种植薄壳山核桃,实现了将绿色发展优势转变为富民发展模式,创建了全县薄壳山核桃的连片种植基地,被评为"中国碧根果之都"和安徽特色农产品优势区,带领村民实现了将绿水青山转变为金山银山的华丽转身。

——示范区根据自身禀赋,保护生态环境,集中体现坚持良好生态环境是最普惠的民生福祉的根本要求;示范区建设初心就是要践行生态优先、绿色发展理念,坚持绿色发展是发展观的深刻革命。发展经济是为了民生,保护生态环境同样也是为了民生。金山银山固然重要,但绿水青山是金钱不能代替的。"环境就是民生,青山就是美丽,蓝天也是幸福。"生态文明建设,不仅可以改善民生,增进群众福祉,还可以让人民群众公平享受发展成果。例如肥西县高质量推进示范区建设,着力完善城市森林公园发展模式,将丰富的森林资源及时就近地造福居民生活,让城市的空气更清洁、水源更干净,让老百姓有了新的休闲娱乐的去处,让城市形象焕然一新,极大地提高了市民生活的幸福感和满意度。

——示范区依托自身优势,注重生态体系循环,集中体现了坚持统筹山水林田湖草沙系统治理是生命共同体充满活力的源泉。"生态是统一的自然系统,是相互依存、紧密联系的有机链条。人的命脉在田,田的命脉在水,水的命脉在山,山的命脉在土,土的命脉在林和草,这个生命共同体是人类生存发展的物质基础。"只有遵循自然规律,生态系统才能始终保持稳定、和谐、前进的状态,才能持续焕发生机活力。因此,"要统筹兼顾、整体施策、多措并举,全方位、全地域、全过程开展生态文明建设",使经济、社会、文化和自然得到协调、持续发展。例如霍山县地处大别山地区,山地资源丰富,大别山独特的气候、地质条件等让大别山西麓拥有了"西山药库"的美称,其中拥有丰富的中草药资源,大别山的山麓走势和降雨资源又为其带来了天然的温泉资源,温泉自山上缓缓流下又助推了霍山中医药养生体验、康养疗养和休闲度假等一体化发展模式。山水林田湖草沙之间的共荣共生,相互依托、相互促进、相互循环、相互助力,让霍山示范区建设的生命共同体理念在实践中展现得淋漓尽致。

——示范区依据自身要求,加强治理效能,集中体现了坚持用最严格制度、最严密法治保护生态环境的制度保障。对破坏生态环境的行为,不能手软,不能下不为例。保护生态环境必须依靠制度、依靠法治,必须构建产权清晰、多元参与、激励约束并重、系统完整的生态文明制度体系,让制度成为刚性的约束和不可触碰的高压线。例如合肥环巢湖地区,因为湿地面积大,普通的人工管理存在难度。合肥通过建设湿地资源管理信息系统,充分利用大数据、云平台等,加快建立一站式线上综合服务平台,同时加强湿地保护法制建设,开展湿地资源调查,从而提升了湿地治理效能,为生态环境的保护提供了可参考借鉴的模板。

——示范区提升自身站位,联动周边地区合作共享生态价值,集中体现了坚持把建设美丽中国转化为全体人民自觉行动的内在动力。"每个人都是生态环境的保护者、建设者、受益者,没有哪个人是旁观者、局外人、批评家,谁也不能只说不做、置身事外。"生态文明是人民群众共同的事业,要牢固树立生态文明价值观念和行为准则,加强生态文明宣传教育,增强全民节约意识、环保意识、生态意识,推动全社会形成简约适度、绿色低碳、文明健康的生活方式和消费模式,促使人们从意识向意愿转变,从抱怨向行动转变,以行动促进认识提升,知行合一。例如歙县站在新安江整体生态环境保护的高站位,与浙江探索出新安江流域多元化生态补偿机制,为上下游地区在生态环境保护和经济社会发展之间的合作共担,彼此尊重核心利益,共商共建、共谋发展,提供了良好的区域间合作发展典范。

——示范区"双碳"目标实现路径为全球"双碳"治理提供中国智慧,坚持共谋全球生态文明建设之路的国际视野。生态文明建设是构建人类命运共同体的重要内容,必须同舟共济、共同努力,构筑尊崇自然、绿色发展的生态体系,推动全球生态环境治理,建设清洁美丽世界。目前全球生态文明治理最紧迫的任务就是实现碳达峰碳中和,确保全球生态环境可持续发展。示范区在探索实现"双碳"目标的具体举措上,正是为全球生态治理贡献"中国方案"。例如明光市积极探索林业碳汇试点工作,成立了全省首家镇级"森林银行",将零散化、碎片化的林木资源集中储备,通过发放林业碳汇权证,完成的碳汇收储交易资金再重新利用于公益碳汇林建设和管护,增加森林固碳能力。这种宏观调控、集中资源、面向市场、反向补贴的模式,为全球"双碳"治理提供了一定的思路。同时,示范区也为全球生态文明建设带来启迪。生态文明发展的时间连续性、地域交叉性等特点决定了生态文明发展不是某一个地区、某一个时期的事,生态文明建设是一项需要通力合作、接续进行的大事。示范区以深化林长制改革的窗口和改革创新的示范点形象存在,其建设本身就是要探索长期多元治理体系下如何平衡各方权益,促进治理效能的提升。示范区为全球生态文明建设中的合作、包容提供了很好的"中国方案"。合作的基础应该是双方的相互理解和信任,任何以损害别人利益为出发点的合作都不可能长远。示范区建设中的上下游生态保护补偿机制,就是一种很好的合作示范探索。

第二,五大生态文明体系是示范区建设的五大着力点。

——生态文化体系的核心是在全社会弘扬生态价值理念,让"绿水青山就是金山银山""像保护眼睛一样保护自然和生态环境"等理念根植于内心、内化为信念,外化成行动。安徽全国林长制改革示范区的建设理念正是安徽全省上下重视生态文明建设,弘扬生态价值理念的集中表现。

——生态经济体系强调产业生态化和生态产业化的主体地位。示范区改革创新的一个突出亮点就是强调充分发挥林业资源,推进林业产业化,通过产业的扶持和发展,将林业资源高效利用,充分造福地方经济社会发展,真正实现"绿水青山就是金山银山"。

——生态目标责任体系强调以改善生态环境质量为核心。为充分规范并准确评估示范区建设,每年安徽省都会对示范区的发展情况进行评估,借助第三方评估机构的专业权威,重点考核在生态环境质量改善、生物多样性保护等方面的工作成绩。

——生态文明制度体系强调治理体系和治理能力现代化。从示范区本身的初衷定位和发展历程来看,示范区建设正是践行林长制改革的集中体现,而林长制作为一种生态文明建设制度的探索,本身就体现出治理现代化的时代特征。从国家制度层面而言,林长制的实践正是以制度的形式规范生态文明发展,以制度的刚性保障生态文明建设,以制度的连续性确保生态文明建设以规范的认可被持久地推进下去。

——生态安全体系强调以生态系统良性循环和环境风险有效防控为重点。示范区在确保生物多样性和生态安全建设上,专门有针对本地区生物多样性的名录,有专门的护林员和生物普查员深入林业资源发展一线实时了解生物发展的最新动态。例如安徽扬子鳄国家级自然保护区,就是把生物安全摆在第一位的,专门完善了国家级自然保护区示范区建设机制,探索建立生物多样性保护体制机制,并探索制定了地方自然保护区法规体系。

(二)安徽全国林长制改革示范区建设符合我国渐进式改革的设计路径

中国渐进式改革是中国特色社会主义治理体系和治理现代化的重要内容,这种改革重在体现中国特色,关键要突出渐进式。

1. 中国渐进式改革的由来与方法论

早先渐进式改革是针对 20 世纪 80 年代末 90 年代初的市场经济体制改革的方式而言的。当时,以我国为代表的实行渐进式改革,即在不骤然打破原有体制的基础上,通过逐渐引入、培育市场经济因素,以最终完成经济体制的转型,这习惯被称为"中国模式"。另一种方式是以俄罗斯等多数东欧国家为代表的激进式改革,即在尽可能短的时间内,通过同时推进产权私有化、契约自由和宏观经济紧缩,一步到位地实现经济体制的转型,这习惯被称为"休克疗法"。与弊端丛生的激进式改革形成鲜明对照的是,以中国为代表的渐进式改革获得了巨大的成功,这种成功是在与我国具体国情、社会主义具体实践以及中国优秀的"均衡""过犹不及""不进则退"等传统文化基因相结合而形成的,具有改革先易后难,从薄弱环节打开突破口;先试验,后推广,由点到面逐步展开;增量改革先行,带动存量改革;兼顾改革、发展与稳定,实现三者的有机统一等诸多鲜明的特色。中国渐进式改革的成功,用雄辩的事实证明了社会主义制度的优越性和强大生命力,极大地增进了中国人民的道路自信、理论自信、制度自信和文化自信,丰富和发展了当代中国马克思主义理论,深化了关于社会主义建设规律的认识。

渐进式改革突出的方法论就是采用政策试点,在这种方法论的指导下,我国 40 多年的改革开放稳步推进,并取得辉煌的成就。从某种意义上讲,政策试点为探寻我国改革实践成功的原因以及探索打开公共政策的"黑箱"提供了有力的洞察窗口。政策试点一般包含"先行先试"和"由点到面"两个阶段,其出发点就是将局部性的经验探索或者试验性改革吸收进国家政策制定的过程中,为最终出台规范的法律文件提供依据,并进一步将典型经验推广到其他地区。

政策试点作为中国特色政策创新的一种方式,具有渐进式公共决策"积小变为大变""稳中求变"的特点,不仅是对现有公共政策内容的丰富与补充,更是认识我国公共政策制定过程的核心秘钥,很好地避免了因盲目"一刀切"而导致改革全盘皆输,造成巨大的风险和损失。通常以选择局部作为改革试点,从中总结经验与教训,最终确立全国整体性、创新性、具体性的政策,进一步推动政策发展与扩散。政策试点不仅打断了公共政策制定、出台、执行、评估和终结的一般过程,也主张"先行先试",这种俗称为"摸着石头过河"的做法,一方面降低了改革中的学习成本和适应成本,另一方面避免了个别决策的失误而造成系统性、颠覆性的重大错误。先通过行政试验,以暂行条例的形式来进行探索,将宏观模糊化的政策目标具体化,不断吸取经验并"纠错",最终为全国性政策出台提供必要的支撑。

2. 中国渐进式改革重在体现"中国特色"与"渐进式"

中国渐进式改革体现中国特色。一是渐进式改革强调坚持党的领导。改革的执行者是中国各级党委政府,党的领导确保了中国渐进式改革的接续性、稳定性和初衷的正确性。改革是长期的过程,改革的过程中也会存在利益的再分配,因此确保一个坚强的领导核心,确保党的集中统一领导,确保党委政府的坚定决心,就成为改革能够成功的最大保障。二是渐进式改革强调人民主体地位。人民是改革的推动者,正是人民群众对美好生活的向往、人民群众的利益诉求推动了改革,让改革有了动机和最终的目标。中国渐进式改革,是以人民的诉求为出发点的,最终的目的就是维护好最广大人民的根本利益。

中国渐进式改革强调稳进渐升。一是渐进式改革强调一步一步稳扎稳打。中国广阔的国土面积、众多的人口、不同地区发展水平的不均衡,决定了中国的改革不可能一蹴而就,而是一个不断探索、不断摸索,甚至是不断试错的过程。中国的巨大体量,决定了在中国任何一件事都可以是大事,因此确保政策的正确性和稳定性至关重要。渐进式改革的一个最大特点就是强调以试点探索逐步推进,通过选取有特色的地方先小试,不断调整,然后逐步扩大中试范围,进一步规范、修正政策,之后在全国范围内展开。二是渐进式改革强调呈螺旋式上升。渐进式改革可以避免"休克式"打击,中国渐进式改革的过程虽可能存在改革的阵痛,但是改革最终是呈螺旋式上升的,是以不断改旧的、错误的理念、政策、方法等,获得新的、正确的理念、政策、方法、路径、机制和模式等。由此,要看到虽然改革的过程有曲折,但是改革最终一定会取得胜利。

3. 渐进式改革要坚持顶层设计方法与"摸着石头过河"相统一

顶层设计方法指的是从整体高度对某一领域工作任务或解决某个具体问题的各要素进行科学统筹、谋篇布局,以讲逻辑、成体系的实践方案助推快捷达成预设目标的方法。坚持顶层设计方法,就是要强调战略与战术相结合、普遍与特殊相结合,既要研判事物延展轨迹的必然性与确定性,又要预估各种突发事件出现的偶然性与不确定性;既要把握事物发展的整体态势,又要捕捉事物发展瞬时的、持续的变化。就生态领域而言,当前我们要把顶层设计方法贯穿到生态文明建设的全过程、各环节中,从战略目标、发展理念、基本原则、根本任务、制度机制等方面对生态文明建设进行科学、系统的部署。因此,联系到安徽全国林长制改革示范区建设,也要坚持顶层设计与摸着石头过河相统一。顶层设计不是脱离实践的"臆想描摹",其基本依据是源于躬身前行的"摸着石头过河",其成效也需要后者来检验。对此,要强化对"摸着石头过河"所获取经验的科学评估,将实践检验行之有效的办法或方案适时上升为顶层设计系统部署,推动二者在具象实践中的良性互动。

4.安徽全国林长制改革示范区建设遵循中国渐进式改革的具体路径

第一,安徽全国林长制改革示范区建设要能够体现中国特色治理道路。示范区建立起省、市、县、乡、村五级林长,以各地方党政一把手作为林长,分管本地区林业资源发展,对本地区林业资源发展负总责,将本地区林业资源发展情况纳入政府工作报告中,成为考核党委政府工作的重要依据。这种加强党的领导在推进示范区建设中的重要作用的模式,体现了中国特色治理的成效。

示范区在建设过程中,充分发挥人民主体地位,让人民群众的参与感、获得感、幸福感随着示范区建设的推进而不断增强。示范区在林业资源普查、林业生态保护等方面,聘请专门的护林员,许多热爱林业生态、对家乡林业资源发展有高度主人翁意识的群众也被招募为护林员,护林员深入林业资源一线,充分彰显了人民群众的广泛参与性。同时,示范区结合本地区实际,不断推进林业产业化建设,将林业资源进行深度开发,发展出能够造福人民群众生活的林下产业，为乡村振兴、农民创业等提供便利，让人民群众的获得感不断增强。示范区建设过程中，还大力推进湿地生态保护修复，推进城市森林公园发展等，让广大的林业资源成为改善城乡空气质量、水源质量，提升城乡生活品质，满足人民群众精神生活需要的重要资源，大大增强了人民群众的幸福感。

第二，安徽全国林长制改革示范区建设贯穿着渐进式改革发展过程。安徽作为全国重要的改革试点省份，从小岗村探索家庭联产承包责任制开始，安徽人民勇于探索、乐于探索的形象根深蒂固。全国林长制改革示范区建设是安徽又一重要的国家改革举措先行示范区，其建设意义重大。

安徽全国林长制改革示范区建设分为六大片区，选取了 30 个示范区先行区探索深化林长制改革，这种因地制宜、先期试点、稳步推进的过程，正是中国渐进式改革的集中体现。示范区在建设过程中，省级层面每年都会组织第三方机构对示范区的建设情况进行评估，就是在寻找示范区建设过程中需要改进的地方，不断打磨、优化示范区的建设模式。各先行区在把握省级统一要求、指导原则的基础上，因地制宜地打造自己的创新发展点，正是不断丰富改革的举措，其目的都是让改革在扩大推广时可以有更多更好的经验分享。

安徽全国林长制改革示范区建设至今，取得的林业资源发展成就有目共睹。安徽的林长制改革以及林长制改革示范区建设，已经成为安徽生态文明建设的样板，是安徽勇于改革、乐于进取的生动体现。示范区建设取得的成果让安徽的生态资源得到更进一步的保护，助力了美好安徽建设。

（三）安徽全国林长制改革示范区建设切合中国式现代化与共同富裕的生态向度

中国式现代化道路是中国共产党带领中国人民追求真理和笃行真理进

程中形成的富有中国气质的历史产物。中国式现代化道路是实现人与自然和解之路,是实现人与自然和谐共生的发展之路。党的二十大报告指出,"实现全体人民共同富裕"与"促进人与自然和谐共生"是中国式现代化的本质要求和重要特征。安徽全国林长制改革示范区建设的实质与目标就是要实现人与自然的和谐共生和全体人民的共同富裕,而人与自然和谐共生正是中国式现代化与共同富裕生态向度的一个明显特征和重要体现。

1. 中国式现代化道路生态向度的理论依据

共同富裕是中国式现代化道路的重要衡量指标。中国式现代化道路是以马克思主义为指导,结合中国发展实际持续探索形成的新型现代化道路,以人与自然和谐共生为价值导向的中国式现代化道路,是在马克思主义生态思想基础上不断拓展和创新的成果,开辟了马克思主义的新境界。马克思认为人是自然的存在物,劳动实践是实现人与自然之间物质变换的纽带,因此自然的解放是人的解放的前提和手段。马克思从历史唯物主义的角度看待生态环境,论证了人与自然之间的辩证统一,自然环境的可持续是社会生产力发展的重要前提,资本主义制度下的工业化导致人与自然之间的物质变换出现裂缝,造成了西方现代化中的生态危机。马克思主义蕴含丰富的生态思想,为人与自然和谐共生的中国式现代化道路的创造和发展提供了理论依据。①

2. 安徽全国林长制改革示范区建设与推动共同富裕是有机统一的

发展生态经济是安徽全国林长制改革示范区的重要内容,意味着新时代共同富裕内涵中蕴含着深刻的生态意蕴。共同富裕的内容涵盖物质和精神两方面,涉及五位一体各领域。发展生态经济作为缓解生态经济矛盾、建

---

① 李雪娇,何爱平. 人与自然和谐共生:中国式现代化道路的生态向度研究[J]. 社会主义研究,2022(5):17-21.

设人与自然和谐共生现代化的重要路径,在本质上体现了与共同富裕的有机统一。良好生态环境是共同富裕目标的重要组成部分,体现在:一是良好生态环境是人民美好生活的重要组成部分,也是社会全面进步的重要条件。良好生态环境与提升人民幸福感的物质产品和精神产品息息相关,是优质生态产品的源泉,构成了人民群众美好生活需要的自然基础。二是良好生态环境是财富的重要组成部分,也是财富创造的重要源泉。习近平总书记指出,"良好生态本身蕴含着无穷的经济价值,能够源源不断创造综合效益,实现经济社会可持续发展"。良好生态环境作为"生态生产力"对于增进人类财富尤其是精神财富作用更加彰显,生态产品创造及其价值实现成为财富创造的重要路径。

3. 安徽全国林长制改革示范区建设是美丽中国建设的关键组成部分

人与自然和谐共生的中国式现代化以马克思主义生态思想为理论依据,是追求生态环境保护和经济发展双赢的道路。在生命共同体理念变革的指导下,人与自然和谐共生的中国式现代化道路形成了集美丽中国的建设目标、碳达峰和碳中和的战略选择、绿色发展的实现路径和生态制度保障等部署为一体的系统性经济学说,具有丰富深刻的理论内涵。[①]

美丽中国建设作为社会主义现代化建设的重要目标之一,是对生命共同体理念的现实回应,也是破解新时代社会主要矛盾的客观需要。安徽全国林长制改革示范区建设成效越大,无疑对美丽中国建设的贡献就越大。

碳达峰碳中和的战略选择是中国政府做出的重要部署,是应对全球气候变化的现实举措。中国政府已经制定了《2030 年前碳达峰行动方案》和《关于完整准确全面贯彻新发展理念做好碳达峰碳中和工作的意见》,还陆

---

① 李雪娇,何爱平. 人与自然和谐共生:中国式现代化道路的生态向度研究[J]. 社会主义研究,2022(5):17-21.

续发布了重点领域和重点行业的具体实施方案,初步完成了减少碳排放的顶层设计和政策体系,体制机制的不断创新为实现"双碳"目标提供了基础保障。① 安徽全国林长制改革示范区建设过程中,明确要求大力实施的"碳汇森林"行动,就是为达到"双碳"目标的现实行动。

绿色发展是实现人与自然和谐共生的重要途径,全面建设社会主义现代化生态强国必须推动节能减排的生产方式和清洁低碳的生活方式。绿色发展是新时代破解资源环境约束、实现国民经济高质量发展的新发展理念,是一场自内而外的发展模式变革。② 安徽全国林长制改革示范区建设始终坚持绿色发展理念,为人民群众提供生态正义和环境公平的绿色福利。

构建完善的环境治理体系为人与自然和谐共生的中国式现代化道路探索提供了可靠保障。生态文明建设需要制度保障,中国用最严格的制度、最严密的法治为推进生态文明建设保驾护航。③ 安徽全国林长制改革示范区建设过程中,以制度为引领,环境治理体系正在逐步完善。

(四)安徽全国林长制改革示范区建设趋合我省深化林长制改革的头雁引领作用

群雁高飞头雁领,安徽林长制改革已经走在了全国前列,安徽全国林长制改革示范区既是林长制改革的重要内容,也是深化林长制改革成效的重要检验。因此,安徽全国林长制改革示范区放在全国范畴,很大程度上就是要发挥领头雁的作用。

---

① 李雪娇,何爱平. 人与自然和谐共生:中国式现代化道路的生态向度研究[J]. 社会主义研究,2022(5):17-21.
② 同上。
③ 同上。

1. 我省林长制改革是开拓创新、意义深远的重要实践

经过五年多的探索,林长制改革已经成为安徽推进生态文明建设的重大抓手,是安徽林业生态建设的重大制度创新、实践创新,林长制改革的系统推进也为美好安徽建设贡献了民生福祉价值。未来安徽深化林长制改革必将带来巨大的实践价值。

第一,推动全国林长制改革逐步进行。安徽实行林长制改革以来,取得的成就有目共睹,能够很好地发挥党委政府在林业资源保护中的主体地位,能够充分调动人民群众生态保护意识和主观能动性,也能够进一步提高林业治理效能,将生态效益的社会价值、经济价值最大化体现。因此,这种模式势必成为全国下一步推进生态文明建设的重要抓手,全国林长制改革进程势必在安徽模式的探索下全面铺开。

第二,推动安徽新一轮林长制改革。安徽新一轮林长制改革以推进林业治理体系和治理能力现代化为目标,致力于打造全国有典型意义和代表性的林业治理新标准。未来安徽新一轮林长制改革的重点要在健全协同推进机制和完善林长组织体系两个方面下功夫,要更进一步推进林业协同治理,将林业治理的主体力量进行协同,林业治理的手段措施进行协同,林业治理机制作用进行协同;林长组织体系的完善则是要更进一步明确五级林长的责任范围,健全林长履职尽责机制,打造完善服务平台,整合林业治理资源,确保林长的职责范围合理布局、职责作用顺畅合作、职责机制紧密衔接。

2. 安徽全国林长制改革示范区建设是深化林长制改革的引领体现

第一,示范区体系完备,有利于将我省示范区建设的先行发展模式推广分享。我省目前分皖北平原、沿淮地区、江淮分水岭地区、沿江地区、皖西大别山、皖南山区六大片区,选取了 30 个林长制改革示范区先行区试点,每个先行区重点探索了 2—5 个体制机制创新点,共计 90 个。示范区先行区围绕

打造"绿水青山就是金山银山实践创新区""统筹山水林田湖草系统治理试验区""长江三角洲区域生态屏障建设先导区"三个目标定位,紧扣协调推进"护绿、增绿、管绿、用绿、活绿"五大任务,细化了 17 项改革举措,拥有具体的实施方案,明确了改革的目标和重点任务。先行区强调规划先行、林长先行、服务先行,有理论支撑、项目支撑、政策支撑和科技支撑。可以说,示范区发展体制机制健全,形成的系统协同治理模式,对向全国推广示范区建设的安徽经验有着良好的引领作用。

第二,示范区运行良好,有利于将我省示范区建设的先行经验模式推广分享。"示范区先行区运行至今,各部门职责定位明确,分工配合良好,进一步保护了安徽林业生态资源,丰富了安徽治理模式经验。"当前示范区由省林业局牵头,成立了安徽省林长制改革示范区先行区联系工作推进会,以推进会为桥梁,加强各先行区沟通协调,密切配合,通过深入调研、会议协商、经验交流、困惑分解、头脑风暴等方式,共同推进示范区先行区建设。同时,根据示范区先行区试点的六大片区的特点,加强片区之间的交流合作,省级层面定期问需于基层,了解基层林业发展困难,组织专家团队对林业资源发展开展调研评估和指导督促,纾解先行区的发展难题。各地市也根据自身经济社会发展特点,结合地方实际和未来发展方向与重点,探索符合自身先行区发展模式,力求通过本地先行区带动本地示范区建设,通过本地示范区建设带动全省示范区建设,从而成为全国有重要影响力的引领区。示范区的经验模式可以总结为,以领导负责、以最大动员、以目标导向推动发展,以关键点带基本面、以小样本带大区域、以基础带特色助力发展,以政策扶持、以科技支撑、以协同联动保障发展。这也是安徽全国林长制改革示范区建设的安徽方案。

第二章　安徽全国林长制改革示范区建设的经验做法与特色实践

安徽省林长制改革建立了以党政领导负责制为核心的林长制责任体系,在改革过程中,始终以森林资源保护发展为引领,建立了省、市、县、乡、村五级林长,确保一山一坡、一园一林、一区一域都有专员专管,责任到人,形成了省级总林长领导下的一体化管理体系,强化了地方党委、政府保护发展森林资源的主体责任和主导作用,压实了地方生态保护责任,实现了林业资源管理从单兵作战到齐抓共管、从部门职能到政府职责的转变。安徽省自 2019 年创建全国林长制改革示范区以来,在全省范围内选定了 30 个林长制改革示范区先行区试点,确定了 90 个体制机制改革创新点。其中,皖北平原地区 4 个,占总示范区先行区数的 13.33%;沿淮地区 3 个,占总示范区先行区数的 10%;江淮分水岭地区、沿江地区和皖西大别山区都是 5 个,各占总示范区先行区数的 16.67%;皖南山区 8 个,占总示范区先行区数的 26.67%。因此,安徽全国林长制改革示范区实际上是由区域分解再到系统集成的过程。三年来,各地以创建全省林长制改革示范区先行区为总抓手,不断探索创新,奋力打造示范区先行区的地方样板,形成了一系列可供参考借鉴的实践经验。

一、安徽全国林长制改革示范区先行区建设的基本做法

安徽全国林长制改革示范区先行区建设的基本做法是,依据自上而下的顶层设计方案及自下而上的选点布局试验,坚持党政同责,形成上下一体责任体系,层层压实各级主体责任;坚持因地制宜,持续优化完善,打造独具特色的发展路径;坚持协同治理,营造齐抓共管共建共享的整体推进范式。

(一)坚持党委领导、政府主导,建立健全政策保障体系

安徽全国林长制改革示范区建设是深化林长制改革的重要抓手,其本身就是在党委领导下由政府主导的一项公共政策改革和公共产品供给。要充任好党委、政府在安徽全国林长制改革示范区建设中的"引导者""服务者"和"监督者"的角色。林业发展是涉及国民经济一、二、三产业的复合群体,涉及不同区域的资源配置、要素组合和利益调整,关系整个社会经济活动,因此发挥好党委领导、政府主导有利于推动林业产业的健康发展。在推进林长制改革示范区先行区建设的过程中,党委领导、政府主导有力地保障了示范区先行区建设的质量和效果。为了充分发挥林长制改革创新示范作用,安徽省各地市林长制改革示范先行区均能够坚持规划引领,高标准、高起点、高水平统筹林长制改革示范区先行区建设,强化目标引领,根据实际编制林长制改革示范区先行区建设规划方案、实施方案和行动方案,明确工作任务、责任单位、时间节点等,细化工作方案、管理措施,确保林长制改革示范区先行区建设工作有序开展。

例如,马鞍山市坚持在高水平保护中推动高质量发展,注重顶层设计,坚持顶格推进,编制《马鞍山市创建全国林长制改革示范区实施方案》,并指导和县、当涂县对标改革创新任务,科学编制了示范区先行区的创建方案。

亳州市在推进林拥城建设时,坚持规划先行,结合亳州实际,编制了《亳州市林拥城建设可行性报告》《亳州市林拥城建设规划方案》。宿州市埇桥区印发了《宿州市埇桥区创建林长制改革示范先行区实施方案》,为示范区建设确立了工作目标和主要任务。淮南市在推进林长制改革示范区先行区建设中,突出方案引领,印发《〈淮南市创建全国林长制改革示范区规划方案〉重点任务分工》,明确了林长制改革示范区建设的 32 项重点工作责任单位;起草了《淮南市林长制改革示范区先行区实施方案》,对环境修复与景观营造、水系综合整治、区域基础设施建设、区域土地开发利用、可持续发展机制探索等方面进行了细化实化,全面指导示范区先行区建设工作开展。合肥市突出规划引领,编制实施《巢湖综合治理绿色发展总体规划》《环巢湖湿地公园群总体规划》等,印发《合肥市建设省级林长制改革示范先行区实施方案》,细化建设路径,明确了 7 个方面 19 项具体任务,有效推动示范区先行区建设。安庆市委托国家林业和草原局林草调查规划院等顶级专家团队编制"1+2+3"规划体系,出台创建全国林长制改革示范区行动方案,印发示范区先行区创建工作指导意见,加强林业基础设施、科技创新、绿色金融等支撑保障,从林长制实施、林业产业发展、集体林权制度改革,到评价考核体系、林业治理创新,提供科学的规划引领。这些实施方案的制定为示范区先行区建设工作的开展指明了方向、提供了遵循。

(二)发展优势产业,培育林业特色品牌

安徽省林长制改革示范区先行区立足本地实际,把握发展方向,优先发展具有比较优势的林业产业,合理布局,推进资源优势向经济优势转化,加速林业比较优势向竞争优势转化。安徽省在推进林长制改革示范区先行区建设上按照产业生态化、生态产业化的思路,在完善顶层设计的基础上,因地制宜,发展优势林业产业,积极培育本地特色林业品牌,统筹推进生态富民

产业,狠抓林业产品质量。示范区先行区积极发展薄壳山核桃、酥梨、油茶、香榧以及现代特色苗木花卉等特色经济,精心培育林业旅游、林下经济产业,加速推进林业产业品牌建设,促进生态产品质量与生态服务质量提升。

例如,在皖北平原地区,依托耕地面积大、土壤肥沃等自然资源优势,把特色经果林作为示范区先行区建设的主攻点,大力发展特色经果林产业。宿州砀山县引导新型经营主体强化品牌意识,走品牌化经营道路,加大保护和培育砀山酥梨品牌力度,打造"年份梨"特色品牌,提高区域品牌价值。淮北市烈山区充分发挥地理标志在传承传统文化、做强特色产业、引领品牌升级、助力精准扶贫和促进乡村振兴中的作用,培育"塔山石榴""黄营灵枣""和村苹果"等国家地理标志产品及地理标志著名商标,深度挖掘烈山农产品优势,不断提高产品的知名度,增加产品的附加值。在皖西大别山区、丘陵适生区域,六安市舒城县依托独特的自然资源禀赋优势,做强茶产业,开发一系列农特产品和名优茶,打造了安徽省著名商标和安徽省名牌产品"晓天兰花剑"茶品牌;霍山县充分发挥地理标志产品和驰名商标的品牌价值,开发销售霍山黄芽、霍山石斛、茶油等系列特色产品。位于江淮分水岭地区的滁州市全椒县围绕薄壳山核桃种植、深加工等,开展"双招双引",打造"全椒碧根果"国家地理标志证明商标,持续提升"中国碧根果之都"品牌影响力,提升地方特色林业品牌效应。合肥市肥西县重点发展附加值高的苗木花卉林业产业,聚焦合肥苗木花卉交易大会,打造具有全国影响力的"国字号"林业展会品牌。沿江地区的池州市依托优越的自然条件,大力发展黄精种植,打造"九华黄精"地理标志特色品牌,拓展黄精知名度,提高产品的附加值。

各地通过打造特色林业产业,推进特色林业品牌建设,并且以做强优势特色产业推进林业产业高质量发展,打破了示范区先行区创建的时间和空间局限,提高了林业综合效益,助力乡村振兴,形成可持续发展的林业产业生态模式。

(三)创新工作机制,提高林业综合效益

制度创新是破解难题、开创新局的重要抓手。林业的可持续发展离不开制度创新。坚持问题导向是推进制度创新的重要动力之一。安徽省各林长制改革示范区先行区把体制机制创新作为推动现代林业发展的重要推动力,在土地流转、林权改革、金融服务、生态补偿等方面进行了积极探索。

例如,在生态补偿机制创新方面,马鞍山市探索建立长江岸线横向生态补偿机制,研究制定了《马鞍山市长江岸线横向生态保护补偿机制实施方案》《马鞍山市环境空气质量生态补偿暂行办法》,为建立健全长江岸线横向生态保护补偿机制和环境空气质量生态补偿机制做出了有益尝试。芜湖市以问题为导向,探索建立市级公益林生态补偿机制,破解长江岸线生态林管养难题。六安市霍山县起草了《关于跨区域生态补偿试点工作的实施方案》,积极探索建立跨区域生态补偿机制。池州市升金湖国家级自然保护区管理处结合全国林长制改革示范区先行区建设,通过实施生态效益补偿项目,不断探索湿地生态效益补偿,初步建立了绿色利益共享机制。铜陵市义安区研究制定《铜陵市义安区提高公益林生态效益补偿标准实施意见(试行)》,探索建立森林生态效益区级补偿机制,有效提升森林资源管护水平。黄山市歙县建立新安江流域多元化生态补偿机制,巩固湿地保护成果。宣城市安徽扬子鳄国家级自然保护区联合中国林科院开展"保护区生态补偿机制及其对策的研究",探索生态补偿新模式。

在金融服务方面,宣城市绩溪县探索公益林补偿收益权质押贷款,以未来公益林补偿作为质押,获得银行资金用于生产经营,这是集体林权制度改革之林业金融的创新举措。六安市探索建立林业信贷和保险服务机制,为林业经营规模主体提供信贷支持,帮助林业经营者降低林业灾害风险。宿州市砀山县创新金融保险服务,创新"酥梨贷",解决梨农生产资金问题;创

新"酥梨险",防范化解林业风险。滁州市全椒县积极推广"林权抵押+政府基金+森林保险"模式,全面推广森林保险,建立野生动物致害、国有林、集体林、古树名木等"林长制护林保",不断提升金融服务。

在林权改革创新方面,六安市舒城县探索建立健全林业产权制度,编制《舒城县林权制度改革实施方案》,为建设国家储备林建设项目提供政策支持。在经营模式方面,宣城市宁国市探索山核桃全程托管经营模式,破解山核桃山场碎片化、劳动力短缺、生态环境保护等难题,促进经营方式向专业化、规模化、集约化转变。在土地流转方面,安庆市桐城市探索建立工商企业流转林地准入制度,对工商企业等社会资本流转林地经营准入条件、流转林地审核审查和备案、经营风险防控及流转的规范管理和服务等方面提出指导意见。

(四)强化组织领导体系建设,提升治理能力

党政责任体系是林长制改革的核心要点。林长制的实施,使保护发展林业资源的责任由林业部门提升到地方党委、政府,通过强化地方各级党委、政府保护发展林业资源的主体责任,能从根本上解决保护发展林业资源力度不够、责任不实等问题。安徽省林长制改革示范区先行区把强化组织领导体系建设,提升治理能力作为推动示范区先行区发展的动力。

例如,合肥市、宿州市、亳州市、阜阳市、蚌埠市等各示范区先行区都成立了党委或政府主要领导亲自挂帅、分管领导具体负责的示范区先行区建设工作领导小组,形成合力推进示范区先行区建设的有效机制。充分发挥市级总林长的关键作用,重要改革亲自部署、重要方案亲自把关、关键环节亲自协调,有效地推动了示范区先行区建设。突出压实主体责任,构建四级林长责任体系,建立林长及林长制会议成员单位指导联系机制,汇聚建设示范区先行区合力,确保如期完成任务。淮南市成立林长制改革示范先行

区建设工作领导小组,分管副市长、市级副总林长为组长,相关单位分管领导为成员,统筹指导示范区先行区建设工作。建立工作推进机制,明确各成员单位职责,通过现场指导和不定期召开推进会议,统筹协调示范区先行区任务落实。安庆市建立示范区先行区市级林长联系点制度,压实市级林长包保责任,强化联络员和技术员协调、指导职能。宣城市建立市级林长联系示范区先行区制度,利用林长召开调研座谈会、调度会、推进会,层层建立林长联系制度和改革创新联系点遴选、激励、管理、退出制度,有效推动各项任务落实。

（五）加大科技支撑,推动林业发展

科技支撑是实现林业高质量发展的强大动力。加强林业科技支撑,是大力发展林业产业,实现经济效益、社会效益、生态效益协调发展的重要保障。安徽省林长制改革示范区先行区在建设过程中,坚持以现代林业科技为支撑,不断加大科技推广应用力度,通过积极争取科技示范项目、打造科技服务团队、搭建林业科技服务平台、创新科技服务等方式,为林业高质量发展提供强有力的科技支撑。

一是通过林业科研院所与区域共建等形式,加快健全基层林业技术推广、植物疫病防控等公共服务体系。例如,滁州市全椒县在推进薄壳山核桃产业发展中,强化科技支撑,与科研院所合作成立薄壳山核桃研究所和博士后科研工作站,开展品种选育、病虫害防治、产品研发等技术研究,带动林业产业发展。安庆市太湖县和桐城市与科研院所合作搭建林业科技服务平台,引进和推广林业新品种、新技术,推进林业产学研用深度融合,切实解决林业保护与发展面临的技术瓶颈。二是通过强化队伍建设,培养素质优良的林业科技人才队伍。例如,宿州市埇桥区在完善高标准平原绿化机制过程中,持续开展技术指导,成立由林业专业技术人员组成的造林绿化技术指导组,推广林业实用技术,全流程指导乡镇造林主体开展植树造林工作。太湖县积极推行"一林一技"服务,发挥基层林业站的作用,选派林业科技人员开展科技下乡、技术培训、科技普及活动,为林业经营主体提供土壤改良、科学施肥、苗木栽植、病虫害防治等全过程、全链条指导服务,助力林业产业高质量发展。三是通过科技支撑,提升示范区先行区建设水平。例如,黄山市屯溪区在推进示范区先行区建设中,依托现代科技,建成森林防火视频监控平台,实现24小时全区山场实时监控和识别预警全覆盖。亳州市在推进林拥城、城市园林绿化和美丽村镇"四旁""四边"绿化提升工程中,坚持以科技兴林为重点,以现代林业新技术、新品种引进、推广为基础,建立以景观生态树种和乡土树种为主,形成以林业促观光和以观光促林业的良性循环。

二、安徽全国林长制改革示范区先行区建设的特色做法

我省各地由于地理位置、人文历史、资源禀赋、产业基础、科技水平等因素,区域经济社会发展存在明显差异。因此,分布在皖北平原、沿淮地区、江淮分水岭地区、沿江地区、皖西大别山区和皖南山区六大片区的30个林长制改革示范区先行区,在发展思路、主导产业选择、建设模式方面的侧重点各不相同,但探索形成了各具特色的有效做法和成功经验。

(一)淮北市烈山区探索石质山区"七步造林法+",构建"造、管、用"一体化机制

淮北市位于安徽省北部,地处华东地区腹地,苏、鲁、豫、皖四省交界,有石灰岩山地约19.8万亩,多为石质山体和非宜林荒山。其岩石裸露面积比例均在60%以上,缺土缺水,山坡陡峭,立地条件差,草木难生,历来被列为不宜造林地。石质山区造林难度大、成本高、植被恢复慢,是淮北市造林绿

化的难点、生态建设的瓶颈。淮北市坚持推进石质山造林绿化，创新出石质山"七步造林法"。通过炸穴挖坑、客土回填、壮苗栽植、多级提水、培大土堆、覆盖地膜、修鱼鳞坑七个步骤完成造林，解决了荒山绿化缺土少水、树苗难以成活的难题，使石质山造林苗木成活率从30%提高到95%以上，为石质山披上绿装，打造出石质山造林绿化的淮北样板。同时，淮北市烈山区还紧紧围绕林长制改革示范区先行区建设的创新点，在石质山"七步造林法"的基础上，继续做大做强石质山营造林，积极打造石质山"七步造林法"多目标经营模式样板区，探索石质山生态修复新模式，为石质山复绿积累了新的有益经验。

1. 创新造林方式，拓展造林绿化新模式

淮北市烈山区将科学造林与当地实践相结合，以生态修复为抓手，重点以泉山宕口生态修复为试点，探索淮北地区石质山废弃宕口陡崖复绿的新模式，以植生孔、MREM模块（坡面岩体快装生态模块）、客土喷播、团粒喷播等四种方式，重点解决崖面复绿缺土、缺水、难养护等难题，形成可复制的石质山采石宕口生态修复方案，为后续类似陡崖复绿积累经验。在烈山区泉山采石宕口生态修复过程中，创新推行分段治理法。山顶部分，采取削坡减载、挂网覆毯等方式，消除山体滑坡等地质隐患，通过乔灌混交、喷播混合草籽等措施，加速植被恢复；山腰部分，采取鱼鳞状、交叉式退台技术，通过开槽种植、铺设管网等措施，建立稳固植被；山脚部分，采取宕底回填、场地平整等方式进行绿化造地，拓展造林绿化新模式。

2. 加大管护力度，探索森林提质新路径

为进一步优化石质山场，巩固荒山绿化成果，提升森林质量，烈山区根据林木的生长发育状况与培育目标制定科学合理的抚育规程，依靠科技进步，将各种抚育措施有机结合起来，不断改善林木生长条件，缩短林木培育周期，充分发挥森林的多种功能，实现森林资源的永续利用。烈山区在山场绿化的基础上推进森林美化、彩化建设,形成了各具特色的生态景观。烈山区对现有林木资源加大抚育管护力度,大力营造混交林,优先发展乡土树种,对石榴等经果林进行低产林提质改造,提高森林的质量和效益,增强林地生产力,构筑健康完备的森林生态体系。

3. 转变发展观念,开辟森林管护新思路

烈山区转变发展观念,利用现代林业信息技术,以实施智慧林业建设项目为突破口,建立林长制"五个一"信息服务平台,实行封育结合,从源头综合施策,山场全面禁牧、禁葬,严禁山场野外用火,全天候监测森林资源安全,切实管护好石质山上的一草一木。在市、县、镇、村四级林长履职尽责的基础上,烈山区积极探索建立"第五级林长",即在山场分标段,设立绿化管护段长,加强对全区森林、湿地及野生动植物的保护力度,巩固多年来的绿化成果。为加强森林防火基础设施建设,提升森林防火水平,烈山区建立防火蓄水池,加强防火管理,切实保障山场林区安全。

淮北市相山区——石质山嬗变为森林公园

(二)滁州市全椒县构建"生态产业化、产业生态化"耦合发展机制

滁州市全椒县以安徽全国林长制改革示范区先行区建设为契机,不断创新工作举措,完善和丰富生态产品价值实现机制。按照"生态产业化、产业生态化"的思路,以薄壳山核桃为突破口,创新建立薄壳山核桃特色产业集群,全力培育壮大林业优势特色产业,不断延伸产业链,推动林业产业高质量发展。目前,全椒县薄壳山核桃种植面积已达8.2万亩,其中连片种植100亩以上面积达7.84万亩,种植面积位居全国县级规模之首,总产量占全国总量的近三成。

1. 加强政策引领,推进产业集群发展

产业集群发展能充分发挥地方特色产业优势,更好汇聚产业资源,激发区域经济发展活力,促进经济高质量发展。为了推动薄壳山核桃产业集群高质量发展,全椒县规范政策机制。一方面,加强统筹规划,编制了《国家全椒薄壳山核桃产业示范园区建设总体规划(2020—2030年)》,突出规划引领、总体部署,推进薄壳山核桃产业规模化发展;另一方面,调整产业发展扶持政策,助推产业集群发展,出台了《全椒县薄壳山核桃产业发展实施意见》《全椒县薄壳山核桃产业发展管理暂行办法》《全椒县薄壳山核桃产业造林验收办法》《全椒县薄壳山核桃种苗管理办法》等规范性文件,发布行业标准,实行标准化栽培,确保产业造林符合技术规程,发挥基地示范引领辐射作用,为产业高质量发展提供政策支撑。

2. 精心培育扶持,创立特色品牌

全椒县围绕保护与利用并举、生态与经济双赢的发展思路,全面推进碧根果特色林业产业品牌和森林文化建设,提升碧根果品牌影响力。全椒县强化特色品牌宣传,以市场为核心全方位宣传推介"中国碧根果之都",增强地方特色林业品牌效应。2020年以来,全椒县陆续获得了"国家全椒薄壳山

核桃产业示范园区""全国绿色食品薄壳山核桃标准化生产基地",并注册
"全椒碧根果"这一国家地理标志证明商标,开展薄壳山核桃绿色食品认证,
定期举办中国(全椒)薄壳山核桃产业创新发展大会暨碧根果采摘节。全椒
县把"中国碧根果之都"名片做实做强,打造全国有影响的林长制改革示范
区先行区全椒样板。

3. 加强科技支撑,提升产业科技水平

为了提升林业科技支撑能力,全椒县成立了薄壳山核桃研究所和博士
后科研工作站,与中国林业科学研究院亚林所、中国科学院植物研究所、南
京林业大学、合肥工业大学等高校及科研院所合作,开展碧根果产品研发、
丰产栽培、病虫害绿色防控等技术研究和战略合作,全面提升薄壳山核桃产
业的科技水平。同时,全椒县重视科技人才培训,积极邀请业内专家举办现
场技术培训,编制技术"口袋书",让产业大户看得懂、学得会。此外,全椒县
还成立了薄壳山核桃产业协会,结合林长制"一林一技"服务平台,组建技术
服务工作组,定期走访产业大户,手把手指导解决实际问题。全椒县建立产
业微信群,适时推送造林抚育、病虫害防治、水肥管理、整形修剪等关键性技
术信息,开展群内交流讨论,组织外出学习考察,相互学习借鉴,共同提高。

4. 做强产业链条,助力乡村振兴

为推进林业可持续经营发展,全椒县建立薄壳山核桃全产业链发展机
制,从育苗、造林、抚育管护、果实采收、仓储到深加工、交易、市场营销全产
业链发展都做了具体规划,积极引进有实力的企业从事薄壳山核桃产品研
发、加工、销售,推进一、二、三产业融合发展,切实保障产业可持续发展。为
了提高林地综合利用率,全椒县依托薄壳山核桃产业基地,发展林下经济,
推广林苗、林药、林粮等立体经营模式,综合利用土地资源,以短养长,多产
共融,推动产业持续健康发展。全椒县立足"儒林之乡"文化禀赋和独特生
态资源优势,积极开发森林旅游项目,如打造民宿休闲、采摘观光等旅游项

目。建设碧根果小镇，建立全国碧根果交易集散中心，带动全县森林旅游、物流和服务市场。建立"企业＋基地＋农户"合作机制，流转土地，带动脱贫人口就地就业，增加劳务收入，助力乡村振兴。

滁州市全椒县薄壳山核桃林下种植芍药

（三）亳州市探索发展平原地区"五位一体"新业态机制

亳州市谯城区林长制改革示范先行区是安徽省 30 个林长制改革示范区先行区之一，为加快城市生态修复、改善环境质量，亳州市以全国林长制改革示范区先行区建设为抓手，积极推进呈环状拥抱整个亳州市区的林拥城建设，意为"林在城中、城在林中、林城辉映"。亳州市现已建成一条环城林带及药都林海景区、华佗百草园景区"一带两区"生态景观，成功创建城市生态屏障、休闲旅游胜地、森林康养基地，融合发展旅游、科普、生态、体验、互动等五位一体的新业态。亳州市探索了皖北平原地区发展生态旅游新模式，建成了集生态旅游、休闲观光、科普游玩为一体的旅游胜地，打造城市生态屏障保护修复的亳州样板，实现了生态保护与生态价值互促共赢。

1. 坚持规划先行，构建林业发展新格局

为高标准、高质量实施林拥城建设，坚持"让城市走进森林，让森林拥抱城市"的理念，坚定加快生态文明建设、改善人居环境、提高城市品位的目标，亳州市组织专家团队深入实地调研，充分论证分析，借鉴外地经验，结合亳州实际，编制了《亳州市林拥城建设可行性报告》《亳州市林拥城建设方案》。

2. 强化科技支撑，推动林业产业高质量发展

在林拥城、城市园林绿化和美丽村镇"四旁""四边"绿化提升工程中，亳州市坚持以科技兴林为重点，以现代林业新技术、新品种引进、推广为基础，建立以景观生态树种和乡土树种为主的技术体系，形成以林业促观光和以观光促林业的良性循环，实现经济效益、社会效益、生态效益协调发展。以安徽农业大学、安徽林科院等科研院所为科技依托，以林学、景观生态学理论为指导，以充分发挥森林的多种效益和保护生物多样性为最终目标，通过科学规划，合理调整林种、树种结构，培育树种丰富、结构优化、品质优良、林相美丽的多功能森林，实现可持续发展，提升森林的生态功能和景观功能。

3. 突出地域特色，推动一、二、三产业融合

作为中华药都，亳州市林拥城建设基于"世界中医药之都"发展蓝图，结合药都特色和地域特点，促进林拥城形态与自然环境、传统产业相得益彰。亳州市立足中医药产业优势，广植药材植物，坚持一、二、三产业融合发展理念，建设了林拥城华佗百草园景区，总占地面积约 2020 亩。景区依托中华药都的优势，以观赏药材花卉为核心，创新凸显了华佗中医药文化的内涵传承，打造了核心区鹿鸣山、青囊湖、花千谷、桃花岛、阳光草坪、休闲沙滩等景观和多个网红打卡体验区，进一步发展了生态旅游。

4.依托林业产业,吸纳社会资金

亳州市依托安徽全国林长制改革示范区先行区建设,积极筹集资金支持基础设施、植树造林等工程建设,并通过招商引资,广泛吸纳社会资金用于休闲、娱乐设施建设,丰富旅游业态,推动旅游升级,初步形成了以亳州文旅集团为龙头、多元化参与的企业化经营新模式,营造了政府得"绿"、群众得"益"、林农得"利"的良好造林氛围。

5.强化制度管理,压实林长责任

为了压实林长责任,亳州市谯城区制定了《亳州市谯城区林长制改革示范先行区领导包保工作方案》,确定1名市级林长领衔负责,包保督导、协调推进示范区先行区建设,在方案制定、项目建设等关键时期及时调研督导,督查实施进度,协调解决问题。在实施过程中,各级林长全面负责,建立林长制管理模式,采取分级林长负责制,实行区域化、网络化管理,确保各项措施落实到位。

亳州市建设森林生态廊道、构筑绿色保护屏障

（四）合肥市推动环巢湖湿地综合治理创新机制

合肥市环巢湖地区林长制改革示范区先行区全面落实习近平总书记关于"让巢湖成为合肥最好的名片"重要指示精神,立足自然资源禀赋特点,谋划推进林长制改革示范区先行区建设,统筹推动环巢湖十大湿地建设,推动实施山水林田湖草沙一体化保护和修复工程,协同推进环巢湖综合治理和环巢湖湿地群保护修复,充分发挥示范效应,取得了明显进展和成效。巢湖湿地坚持保护优先、科学修复的原则,有效地恢复和提升了环巢湖地区湿地风貌,保障了环巢湖沿线生态系统的稳定性和完整性。2021 年 8 月 13 日,《人民日报》头版以《八百里巢湖　好风光重现》为题报道巢湖综合治理成果。2022 年 6 月,合肥入选国际湿地城市。

1. 坚持高位推动,细化建设路径

一是建立高位推进工作机制,合肥市委每年召开巢湖综合治理大会,健全调度机制。成立"十大湿地"项目建设指挥部,市委、市政府主要负责同志亲自督办。建立十大湿地"四个一"工作平台,实行属地负责、协同推进工作机制。制定印发《环巢湖十大湿地建设计划任务清单》,明确每个湿地保护修复目标、任务、计划、措施,并定期调度、通报,提高项目推进效能。二是突出规划引领,编制实施《巢湖综合治理绿色发展总体规划》《环巢湖湿地公园群总体规划》等,印发《合肥市建设省级林长制改革示范区先行区实施方案》,明确各项具体任务。同时,配套制定 10 个市级先行区建设计划,谋划35 个创新点,在全市营造浓厚的示范创新氛围。

2. 健全创新机制,激发湿地保护活力

在湿地补偿机制、环巢湖生态廊道机制等方面大胆创新突破。一是探索建立环巢湖十大湿地生态效益补偿机制。制定了《环巢湖十大湿地生态效益补偿考核办法(试行)》,落实湿地管养考核,做好补偿资金分配。湿地项目建设资金实行市、县分担机制,湿地修复和水环境治理以市财政投入为主,纳入巢湖综合治理和市大建设项目统一调度,县(市)区负责拆迁安置和土地流转费用。同时注重政策叠加,将湿地恢复与巢湖一级保护区农业面源污染防治有机结合,建立退耕还湿奖补机制。二是探索建立环巢湖生态廊道保护发展机制。将环巢湖生态廊道纳入各级林长责任区域,每年开展环湖大道绿色长廊补植补造和质量提升工作,提高环巢湖湿地生态廊道建设水平。

3. 坚持依法治湿,加强法治保障

合肥市坚持立法先行,坚持依法监督,在认真贯彻《湿地保护法》《安徽省湿地保护条例》的基础上,首开保护湿地立法先河,先后出台《合肥市人大常委会关于加强环巢湖十大湿地保护的决定》《合肥市河道管理条例》,为环巢湖湿地保护划出"红线",为环巢湖湿地保护注入法治力量,促进环巢湖湿地生态改善。强化湿地资源监管,开展环巢湖违法占用湿地和非法改变湿地用途专项执法检查,坚决打击破坏湿地资源的行为。

4. 强化技术支撑,打造美丽湿地

组建巢湖研究院,成立巢湖治理专家咨询委员会,为合肥市巢湖综合治理提供参谋和咨询服务。举办巢湖综合治理专家咨询峰会、巢湖湿地恢复研讨会。与国家林业和草原局林草调查规划院、南京大学、武汉大学、安徽大学、上海海洋大学等合作,开展环湖湿地本底资源调查,编制完成《巢湖流域湿地保护与修复技术导则》,出台了《环巢湖十大湿地管养导则(试行)》,推进湿地保护与修复。开展环湖湿地及湿地公园生物多样性调查监测,建立湿地资源本底数据库。坚持尊重原生态,不搞大开发,遵循自然修复为主、人工修复为辅的原则,简化、优化湿地树种、植物配置,选择"一方水土养一方树"的乡土树种。巢湖立足现有地形地貌,禁止破坏耕地耕作层,禁止园林化改造,不搞大规模土方工程和水系连通。

5. 坚持系统治理,推进湿地保护修复

巢湖采取全流域研究、全方位治理、全过程控制和全方面衔接的流域
治理模式,扎实推进生态保护修复工程建设。一方面,巢湖积极争取国家
政策和资金支持,流域山水林田湖草沙一体化保护和修复工程入选国家
第一批"山水林田湖草沙一体化保护和修复十大工程",获中央财政补助
资金20亿元。另一方面,坚持自然恢复与人工修复相结合,采取生态补
水、植被恢复、移民搬迁等措施,增强湿地生态功能。加快污水处理厂建
设,推进入湖河道及支流治理。合肥市大力推进巢湖流域一级保护区水
稻绿色种植工作,创建现代农业产业园,实现生态与增收共赢。合肥市实
施环巢湖地区废弃矿山治理与生态修复造绿工程,促进区域自然生态系
统恢复。

合肥巢湖湖滨国家湿地公园

(五)宿州市埇桥区创建绿色家居产业园"立体式"发展机制

宿州市埇桥区地处苏、鲁、豫、皖四省交界处,交通便捷,区位优势明显;

同时处在长三角一体化、中原经济区、中部崛起、淮河生态经济带、淮海经济区等国家发展战略中,周边城市数量众多,半径300公里涵盖2亿人口,有足够大的市场腹地。同时,埇桥区还是全国杨木产业示范区,森林资源丰富。埇桥区依托生态资源优势,大力发展板材加工、家具制造、智能家居等林业产业集群,着力构建高端绿色家居全产业链,创建宿州绿色家居产业园,为实现林业产业崛起夯实了坚实的基础,探索出一条平原绿化催生生态产业,从"绿色制造"变"绿色智造"的可持续发展路径,成为绿水青山转化为金山银山的生动范例。2020年,绿色家居产业园荣获"中国绿色家居产业示范基地"称号;2022年,绿色家居产业园被国家林业和草原局评为"国家林业产业示范园区",全区林业加工产值连续多年位于全省第一。

宿州市埇桥区绿色家居产业园

1. 精准招商,完善人才政策

产业园坚持以"拓展新领域、强攻中高端、创新定制化"为主线,明确核心区、集聚区、产业基地三类区域为产业发展方向,全力打造以板材加工、绿色和智能家居制造为主体的专业园区,并依此发展目标,明确招引项目及人才类型。通过深入调研全国家居产业发展情况,产业园敲定东北、华北、华东、华南、西部等5个重要产区和28个重点企业,有针对性地谋划招商。产业园实施引才、聚才、用才、育才行动,搜集整理入驻园区企业的经营管理人才信息,上报企业需求方案,规范人才招聘流程,创新人才服务理念,为企业经营管理类人才提供户籍办理、配偶安置、子女入学、创业投资等方面"一站式"服务。产业园加强科企、校地对接合作,加大木材加工技术人才、企业管理人员培训力度,为园区发展提供技术和智力支持。

2. 坚持规划引领,建强产业链条

埇桥区强化顶层设计和规划引领,注重全局性谋划、战略性布局、整体性推进,以科学规划引领产业布局。园区总体布局为"一核两区一基地"。其中,"核心区"主要布局智能家居、全屋高端定制等产业,两个"集聚区"以绿色板材深加工产业为主,"产业基地"主要布局家具制造及配套项目。围绕总体规划布局,园区家居产业链开展强链、补链、延链、固链"四链并进"行动。产业园以重点项目和龙头企业为核心,打造重点支柱产业链,带动中下游企业"抱团"进驻,同时抓准空白领域重点招商,引进配套产业补齐产业链,企业生产不出园区基本成为现实;围绕打造"互联网+个性化定制",探索新一代信息技术与家居产业的有效融合,打通生产者与消费者"端"与"端"的信息通路,逐步健全产业链条完整、服务配套齐备、集中集群集约的绿色环保发展态势。

3. 优化扶持政策,助力林业产业发展

为促进林业产业快速发展,埇桥区重点实施林业资源培育工程、木材加工提升工程、林业三产及拓展工程、林产品市场物流工程、林业支持体系建设工程等五大工程,并先后出台《宿州市埇桥区关于加快现代农业"两区"建设的奖励扶持办法(修订)》《关于大力促进民营经济发展的实施意见》《关于促进商务经济健康发展的若干政策意见》《宿州市埇桥区人民政府关于支持工业经济发展的若干意见》等一系列产业扶持政策。加大土地、资金等要素保障力度，综合运用政策性担保、订单贷、无还本续贷、税融通等方式，搭建多层次融资服务平台，畅通金融服务实体经济渠道；及时兑现税收返还、招商奖励等优惠政策，以真金白银的硬招支持企业、稳定市场主体；坚持"讲温度、论速度、谈力度"的务实态度，加强项目跟踪服务，帮助企业解决房产证办理、基础设施配套缴费、供电等基础性问题，建设快速服务平台，探索开展项目容缺审批和"零跑腿"服务，实现5个工作日常态化办结，以良好的产业生态留住企业人心。

(六)马鞍山市跨域联动共筑长三角绿色发展机制

作为安徽的东大门，对接苏、浙、沪的"桥头堡"，马鞍山市紧扣"一体化"和"高质量"两个关键词，积极融入南京都市圈、合肥都市圈，在建立健全林长互访交流、联席会商、信息共享、联防联控、共保联治一体化合作机制，携手打造跨区域林长制改革示范区、生态保护合作区、生态屏障先导区、绿色发展样板区的探索与实践上积累了有效经验，形成了可复制可推广的实践成果。

1. 建立环境质量监测标准化机制，推进生态保护监测网络一体化

石臼湖，位于安徽省马鞍山市当涂县、博望区和江苏省南京市溧水区、高淳区三区一县交界。为了推进生态保护监测网络一体化，建立健全长三角区域环境质量监测标准化工作，马鞍山市统筹推进宁马区域监测能力建设、监测方法标准、监测技术规范、监测质量管理一体化。与南京市深入实施生态环境联防联控，联合开展石臼湖自然保护区水质监测，探索监测技术合作和会商交流机制，在石臼湖湖区联合设置5个监测点，全方位动态监测

水质,确保石臼湖整体水质达标。

2.建立联动执法机制,推进生态保护执法一体化

马鞍山市强化重点时段生态保护联动执法监管,推进跨区域生态保护执法司法监管一体化。深入推进"宁马一体"融合发展的生态环境保护联防联控,合作签署《南京市与马鞍山市生态保护联防联控合作协议》《石臼湖生态环境保护合作框架协议》等文件,在石臼湖、宁马花山段等区域积极探索省际毗邻区跨界一体化执法监管,加速构建石臼湖湿地保护共商、共治、共享一体化发展格局。宁马双方建立石臼湖自然保护区三区一县(博望区、溧水区、高淳区、当涂县)流域交界水体联合执法机制,开展联合检查,坚决清理整治在自然保护区内非法排污、捕捞、养殖、围垦、侵占水域岸线等活动。

3.建立监测和信息共享机制,助力联防联控一体化

宁马两地共同探索建立了森林防火、病虫害防治、森林资源管理、技术人员交流、重大课题研讨等方面的信息交流与共享机制,加强联防联控,签订了《宁马公共服务一体化——森林防火防虫联防联控合作框架协议》《宁博两地国有林场合作框架协议》,定期召开宁马松材线虫病、黄脊竹蝗、美国白蛾联防共治联席会议,实时通报虫情信息,实现监测数据互通共享。定期开展森林防火隐患排查、安全巡查,加强了宁马毗邻地区森林防火基础设施建设及联合调度。在黄脊竹蝗等防治期间,两地坚持防治作战的"时间、用药、方式"三统一,做到防治成效最大化。建立两地跨界联防联控联席会议制度,召开"南京市-马鞍山市林业联防联治座谈会""石臼湖联管共治工作会议""宁马黄脊竹蝗联防联控工作总结会"等工作推进会,推动市级林长互访交流,并根据工作需要适时召开市级联合会商会议,交流林长制工作经验。

马鞍山长江生态防护林杨树林

(七)宣城市宁国市构建"小山变大山"赋能产业振兴机制

宁国市位于皖东南天目山一带,为我国山核桃种植、生产的重点产区,早在20世纪90年代就被国家首批认定为"中国山核桃之乡"。宁国市山核桃面积和产量均居安徽省首位和全国第二位,但长期以来,产区"一山多户、一户多山"的经营状况难以改变,加上林道、采摘等基础设施落后,农村劳动力短缺,农户管理水平参差不齐,产区面临生态脆弱、林分退化等一系列风险。为破解山核桃碎片化经营、劳动力短缺、经营管理跟不上等难题,宁国市不断深化集体林地"三权"分置改革,纵深推进多种形式的山核桃全程托管经营,推动"小山变大山",充分放活山核桃林地林木经营权,促进经营方式向专业化、规模化、集约化转变。宁国市托管经营的实践探索对产区转变经营观念,进行生态经营,完善基础设施,实现专业化、规模化经营具有极大的促进作用。全市现有山核桃林面积40.4万亩,占全市林地面积13%。宁国市"小山变大山"改革的综合效应已初步显现。

宁国市山核桃开杆节活动

1. 政策扶持,培育经营主体

宁国市出台《宁国山核桃产业振兴五年行动方案》,开展生态安全、基础设施、主体培育、科技创新、质量品牌等五大攻坚战。在不改变林地权属的前提下,宁国市整合山场资源,开展林地流转或托管服务,探索山核桃林经营机制,解决"一山多户、一户多山"的碎片化问题。2021年,宁国市成立省内首家山核桃托管公司——宁国市众赢农业托管服务有限公司,现已托管7个乡镇140户,800余个地块4600亩山场。

2. 整合资源,破解经营难题

宁国市出台改革创新联系点各项管理制度,明确市、乡、村各级职责,发挥市级林长对改革创新联系点的指导、督促作用,协调解决改革创新过程中遇到的困难和问题,打通政策宣传的"最后一公里"。宁国市将产业振兴年度奖补资金重点向山核桃全过程托管经营上倾斜,扶持壮大托管经营承包主体。宁国市整合农业农村、水利、环保等部门,以及林区道路、退化林修复、森林抚育等林业项目资金,加大对托管承包户科技培训、技术指导等帮扶力度,提高经营管理水平。

3.健全机制,巩固改革成果

宁国市创新提出全程托管"四项原则",侧重从经营管理层面提出要求,即全程禁用除草剂;适宜地区分期挂设采收网;禁止单一使用化肥;科学防治常规病虫害,有效控制突发性病虫害。宁国市创新建立"三大机制",侧重在权益保障方面提供支撑,即两段式利益分配制、可退出保障机制、风险管控机制。宁国市选取不同类型的托管模式,跟踪后续进程,征求托管双方意见,不断调整。宁国市开展托管承包工作经验交流,树立托管经营改革的创新典型,发挥示范引领作用,带动周边大户能人大胆尝试,勇于探索。

(八)安庆市探索构建"林长+检察长"携手管林治林机制

为了强化对林长及相关部门履行林长制工作职责的法律监督,推动林长及相关部门落实依法治林管林责任目标,安庆市林长制办公室与市检察院联合建立"林长+检察长"协作机制并签署有关协议,着力在"林长制"行政体系下构建检察监督保障体系,以制度性改革破解安庆林业生态发展的难题,满足林业生态资源发展中日益增长的法治需求和现实需要,推动行政和司法运行"同向并轨",促进林业生态领域社会综合治理能力和治理体系现代化。"林长+检察长"协作通过建立联席会议、信息共享、线索移送和联动执法等机制,实现行政执法、检察监督有机衔接,严厉打击了涉林违法犯罪行为,全面压实各级林长责任。安庆市"林长+检察长"协作机制建立以来,助力林业生态保护成效明显。2020 年 6 月,国家林业和草原局森林资源管理司对安庆市探索建立"林长+检察长"协作机制的做法给予充分肯定,并将该做法在全国范围内予以推介。

1. 突出"联合",增强协作共建优势

安庆市两级检察机关均与当地林长办会签"林长+检察长"工作机制文件,协作机制及驻林长办检察室实现市、县全覆盖。设置联络员,具体承担信息交换、线索移送、联合巡查等日常事务。驻市林长办检察室与市林长办协商制定了《安庆市"林长+检察长"协作机制 2020 年度工作计划》,明确任务,挂图作战,确保"两长制"运行有章可循、有图可依。例如,作为林长制改革示范区先行区的望江县、宿松县分别印发《关于建立"林长+检察长"协作机制的意见》,通过林检联动的深度融合,行政执法与刑事司法得到有效衔接,涉林犯罪案件明显下降。

2. 突出"共享",增强执法监督合力

建立信息共享机制,打通数据壁垒。林长办每周将涉林执法信息、群众举报等告知派驻检察官,并将林业资源管理和执法办案数据及林长制公众监督平台接入检察院公益诉讼智慧平台,实现了森林资源、湿地、绿地数据及执法办案信息的同步共享。

3. 突出"联动",增强检查巡查效果

建立月会商、月巡查、季检查工作机制,形成多部门森林资源保护合力,助推"林检"法制化深度融合。检察工作室会同林长办、森林公安每月开展涉林巡查,详细记录巡林中发现的问题,并针对存在的问题提出具体的指导意见;组建执法监督专家组每季度开展涉林执法活动检查监督,适时组织开展自然保护地保护、森林防火、松材线虫病除治等专项巡查检查,及时发现林长履职和执法办案中的突出问题,促进林业生态保护修复。

4.突出"共治",增强多元化治理质效

安庆市坚持树立合作共赢理念,针对林业保护中存在的突出问题和公益难题,通过提前介入、诉前检察建议、提起公益诉讼等方式,协力共同解决,助推林检工作融合和法制化进程。

安庆市宜秀区杨亭村昔日荒山变青山

(九)蚌埠市积极构建"生态保护修复+产业导入"的废弃矿山治理机制

蚌埠市禹会区大洪山国有林场建于1965年,位于蚌埠市西南,经营面积1.5799万亩,全场共有47个山头。2016年以前,该林场范围内有200家石料加工厂,矿山及森林资源破坏严重,污染日益加剧,周边群众怨声载道。2017年以来,蚌埠市同步推进林长制改革与大洪山国有林场改革,结合建设林长制改革示范区先行区,建立"林长统揽、部门联动、综合施策、分步推进"的工作机制,积极构建"生态保护修复+产业导入"的废弃矿山治理模式,推动生态产品价值有效实现,让昔日满目疮痍的大洪山蝶变成为林木苍翠的绿水青山。

修复后的蚌埠市大洪山林场

1. 坚持改革攻坚,破除体制机制障碍

统筹林长制改革和国有林场改革,健全机构机制,创新管理体制。由蚌埠市委常委、政法委书记担任大洪山市级林长,禹会区分管副区长担任区级林长,成立大洪山建设管理委员会和矿山整治工作领导小组,相关职能部门安排专人负责,归口林长统一调度指挥。蚌埠市明确各级部门整治矿山和植绿复绿的职责任务、配合机制以及责任追究办法,着力解决了跨部门协作体系不健全、林业部门"小马拉大车"等深层次问题,扫清了"政出多门、九龙治水"的体制机制性障碍,为强力推进废弃矿山整治复绿工作奠定了坚实基础。

2. 创新监管模式,严厉打击非法盗采

2017年以来,蚌埠市采取"人防+技防+严打"的综合整治举措,打响了大洪山生态环境清理整治攻坚战。一是坚持人防到位。在环境整治关键时期,市级林长每周督查一次,每天安排一个市直部门巡山值班。区、乡、村三级林长坐镇指挥,积极开展全天候的矿山巡查,严防非法盗采行为。二是坚持技防威慑。蚌埠市投资490余万元,在大洪山重点区域安装了42个"国土云眼",实行24小时不间断监控,形成对盗采山石的违法犯罪行为的强力威慑。三是坚持扫黑除恶。在"重拳出击、露头就打"的严打高压态势下,蚌埠市杜绝了非法开采矿产资源的行为。

3. 坚持政府推动,加快矿山植绿复绿

多措并举,启动矿山生态环境植绿复绿工程。一是财政保障给力。在积极争取矿山整治项目资金和省、市石质山造林补贴及市环境整治资金的基础上,市、区两级财政每年安排5000余万元用于大洪山植绿复绿和基础设施建设。二是干部职工用力。在攻坚阶段,市、区两级林长带领工作专班和林场全体职工昼夜奋战,积极开展矿山巡查、采种整地、播种植树、浇水施肥、割草除灌、病虫害防治、森林防火等行动,废弃矿山整治复绿取得显著成效。三是义务植树助力。每年集中组织市直部门、群团社团、大中院校、驻蚌部队等单位,积极开展义务植树和认建认养活动,广泛营造"工会林、平安林、八一林、青年林、巾帼林"等多主题纪念林,推进矿山植绿复绿。

4. 创新运作模式,构筑多元市场平台

按照"谁修复、谁受益"的原则,加强招商引资,吸引多方参与,加快推进废弃矿山生态修复和生态资源合理利用。一是构建政府主导、企业主体、社会组织和公众参与体系,创新运作模式,引进社会资本,鼓励多元投入,搭建多元化市场平台,推动矿山植绿复绿取得重要进展。二是加快推进大洪山道路建设、饮水安全、电网改造、通信工程、引水上山和业务用房等基础设施建设,推进配套设施不断完善。三是发展富民产业,调动农民发展林业的积极性。集中流转大洪山周边农民坡耕地,发展经果林,种植中药材,并与外地客商签订技术服务和收购合同,实行订单化种植,取得了良好的生态效益和经济效益。同时,大洪山国有林场与公司开展合作,由公司负责基地建设和经营管理,国有林场负责提供资源和政策支持,合力打造国家级森林康养小镇,形成"公司+基地+农户"的发展模式,增加了农民收入。

(十)池州市探索升金湖湿地生态保护修复机制

升金湖位于长江下游南岸、安徽省西南部池州市境内,自然保护区面积3334万公顷,流域面积1500平方公里,跨贵池区和东至县,是安徽省唯一以珍稀越冬水鸟及其栖息地为主要保护对象的国家级自然保护区。水产、水禽等水生动植物资源极为丰富,素有"日产鱼货价值升金"之说,故名"升金湖"。升金湖是中国主要鹤类越冬地之一,有"中国鹤湖"之称。近年来,升金湖国家级自然保护区管理处结合全国林长制改革示范区先行区建设,推进升金湖退渔还湖、退耕还湿,让生产生活与升金湖生态保护协同共生。

1. 建立健全湿地分级管理制度

池州市以升金湖国家级自然保护区为试点,完善升金湖管委会领导机构,市政府主要负责同志担任管委会主任。建立科学的分类分区管控机制,实施分级管理制度,把湿地类型自然保护区和湿地公园建设作为池州市开展湿地分级分类保护管理工作的一项具体措施。

2. 建立湿地水位调控制度

升金湖是水鸟重要的越冬地,湖水水位是影响栖息地完整性和生物量最重要的因素,水位的变化直接影响了水鸟的多样性和丰度。1965年,在升金湖通江处建立了黄溢闸,通过黄溢闸与长江相通,阻隔了江湖的自由联系;通过闸门的开闭,可调节升金湖的水位,进而影响到湿地生态环境、水鸟的觅食栖息以及蓄洪灌溉。在市政府的统筹协调下,建立升金湖保护区枯水期生态用水黄溢闸水位调控机制,依据不同利用方式对湿地水位的需求差异,通过采取季节性的水位调控方式,开展升金湖湿地生态补水、水位调控机制试点工作,以统筹协调升金湖及其周边社区水资源平衡,保障湿地保护的生态用水需求。

3.建立跨区域生态补偿机制

池州市出台《升金湖湿地生态效益补偿工作实施意见》,先后投入资金1.08亿元,在完成15万亩主湖面统管后,通过给予农户和村组集体经济补偿的方式,先行流转统管核心区和缓冲区内5.8万亩水面和耕地,开展生态修复,逐步以点带面,辐射至整个保护区,取得了阶段性成效。湖区水质由过去的Ⅳ类提升到Ⅲ类、Ⅱ类。越冬候鸟数量由过去的3万只左右逐年增加到目前的10万只左右,其中6种水鸟数量达到国际重要湿地标准。池州市累计发放湿地生态效益补偿资金7802.2万元,实现了"生态环境得保护,农民利益有保障"的双赢局面。

升金湖万鸟齐飞

4.开展湿地生态修复

池州市立足升金湖湿地生态现状,因地制宜,综合施策,对湖区及周边圩口湿地进行系统修复和科学治理。借助示范区先行区重点项目实施,开展湖滩地修复、圩口(退耕地)植被恢复、生态补水、水系贯通、湿地有害生物防治等,湿地生态环境得到明显改善。水质逐年改善,除候鸟越冬季外,水质达到Ⅱ类、Ⅲ类标准。水生植被群落得到有效恢复,生物多样性明显提高,鸟类食源日趋丰富,越冬候鸟种类和数量明显增加。

(十一)阜阳市阜南县探索建立沿淮地区高效林业特色产业发展机制

阜南县地处淮河中游、淮洪河交汇处左岸,紧邻地级市阜阳中心城区南郊,是全国唯一的农业(林业)循环经济示范县和全省林业产业十强县。近年来,阜南县委、县政府高度重视林长制改革示范区先行区建设,紧扣协调推进"五绿"任务目标,聚焦各项改革创新点和重点任务,立足优势、科学规划,探索建立沿淮地区高效林业特色产业发展机制,全力推进示范区先行区建设。自林长制改革示范区建立以来,阜南县的森林覆盖率提升至20.3%,为全市特色林业发展树立了示范榜样。

第三届阜阳市花卉博览会

1. 探索建立"协会+企业+经纪人+农民"的"黄岗模式"

柳编产业是阜南县的首位产业,阜南县黄岗镇通过政府引导、服务拉动,市场经济的历练,形成了上下游产业发展协调、专业分工明确、社会化协作合理有序的局面,探索建立了"协会+企业+经纪人+农民"的"黄岗模式"。销售方式从传统的订单销售转变为直营店和网络销售。在整个产业链中,柳编企业一头连着市场,一头连着农户,发挥着重要作用;在抱团面对市场竞争上,阜南县柳编工艺品协会、阜阳市工艺品进出口企业轻工协会在协调服务企业方面发挥了不可替代的作用;在上下游协作分工上,柳编企业坚持产品创新,通过广交会和其他相关的展销会获得了大量的生产订单。每个柳编企业有一支经纪人队伍和一支样品编织队伍,经纪人通过合同连着所管区域的各家编织农户。整个产业链条环环紧扣,链接有序,彼此间协同配合,有效地降低了制造和销售成本,提高了运营效率和竞争能力。

2. 探索建立"政府+企业+农民"三方共享收益的"苗集模式"

阜南县苗集镇国土总面积 9.63 万亩,林地面积 2.5 万亩,森林覆盖率 25.96%,道路绿化率 97.8%,沟河绿化率 94.6%。耕地面积 64749 亩,已建林网 5.9 万亩,农田林网建网率 91.12%,为省级森林城镇。苗集镇政府通过与企业合作,采取租用路边地培育榉树并进行道路沿线绿化的方式,构建农田防护林体系,既解决了在哪造林、由谁造林和怎样营造林的问题,又实现了政府节约资金、群众增加收入、企业谋求发展的合作共赢。通过此方式,已建设高标准农田林网 5.9 万亩。同时,建立榉树育苗基地,带动农户大田栽植榉树,实现了"政府要生态、企业要效益、农户增收益"。目前,全镇榉树种植面积 4000 亩。此外,苗集镇坚持农林多业融合发展,积极引导全镇发展林下经济,逐渐形成了以前进村为中心的"林菜""林禽"经营模式,以幸福村为中心的"林菌"经营模式,以苗集村为中心的"林药"经营模式,亩均增收 1500 元以上,有效促进当地林下资源的开发利用,走出了一条农民增收、企业增效的新路子。

(十二)淮南市多措并举探索采煤塌陷区生态修复机制

淮南市是安徽省重要的矿业城市,享有"华东工业粮仓"的美誉,自20世纪60年代开始,淮南市大通、九龙岗矿区大面积地面塌陷,形成九龙岗–大通采煤沉陷区(简称"九大"采煤沉陷区)。"九大"采煤沉陷区东西走向长7.5千米,南北宽约1千米,地表下沉一般在8—10米,最大下沉约22米,总占地面积约1352公顷。淮南市以林长制改革为牵引,统筹"护绿、增绿、管绿、用绿、活绿"五大任务,积极探索采煤塌陷区生态修复及可持续发展的有效途径,将"九大"采煤沉陷区打造成淮南市重要的"城市绿肺",为资源型城市采煤塌陷区治理开辟了新途径。

1. 强化组织领导,突出方案引领

淮南市成立林长制改革示范区先行区建设工作领导小组,分管副市长、市级副总林长为组长,相关单位的分管领导为成员,统筹指导示范区先行区建设工作,建立工作推进机制,明确了各成员单位的职责。通过印发《〈淮南市创建全国林长制改革示范区规划方案〉重点任务分工》,明确林长制改革示范区建设32项重点工作责任单位。根据《淮南市采煤沉陷区综合治理"十三五"规划(2016—2020年)》,编制《淮南市林长制改革示范区先行区实施方案》,从环境修复与景观营造、水系综合整治、区域基础设施建设、区域土地开发利用、可持续发展机制探索等方面进行了细化实化,明确了各相关单位的工作任务。

2. 利用国际贷款,破解资金短缺难题

采煤塌陷区综合治理工程量巨大、治理过程漫长、治理问题复杂,地方政府及企业资金缺口大,严重影响了治理工作的顺利开展。为统筹推进项目区建设,淮南市成立了市资源型城市可持续发展工程采煤塌陷区综合治理利用世行贷款项目领导小组,组建了淮南市采煤塌陷区综合治理利用世行贷款项目执行办公室,通过利用世行贷款,破解资金短缺难题。

3. 聚焦系统治理,推进项目建设

示范区先行区通过统筹采煤塌陷区生态环境修复、水环境治理、区域基础设施建设、区域土地开发利用等方式,改善采煤塌陷区的生态环境,推进项目建设。采煤塌陷区通过示范区先行区建设,区域内水质和生态环境得到了大大改善,各类动植物得到了有效保护,绿化覆盖率由不足20%提升至75%以上。采煤塌陷区创新性结合生物多样性保护、海绵城市建设、矿山迹地旅游,发挥区域自然资源禀赋,着力发展生态园林、休闲观光等产业,推进绿色可持续发展,促进居民增收致富。

淮南市"九大"采煤塌陷区生态修复区生机盎然

(十三)黄山市黄山区打造松材线虫病疫情防控创新区机制

黄山区位于皖南中部,黄山、太平湖风景名胜区均坐落在境内。2018 年 3 月,区委、区政府印发《关于全面推行林长制工作的实施意见》,围绕"五绿"任务,突出全力防控松材线虫病、大力加强森林防火、严格保护生态资源、优化提升森林质量、加快发展绿色产业五项重点,全面推进林长制工作。黄山区坚持把松材线虫病疫情防控作为生态建设的"一号工程"抓细抓实,积极探索,全力推进。黄山区初步建立起松材线虫病疫情防控创新机制,松材线虫病疫情防控取得阶段性成效,实现了枯死松树数量、疫情面积、疫点小班 2019、2020、2021 连续三年下降。

1. 健全完善松材线虫病除治机制

一是推进监测普查专职化。2019 年底,黄山区在全省率先组建区级专职监测普查队伍,54 名专职普查员对全区涉松林地开展常态化监测普查,实现监测普查全覆盖、无死角和疫情监测普查覆盖率 100%。二是推进除治队伍专业化。黄山区出台《枯死松树除治核查验收技术标准和核查验收方法步骤》《防控专项资金管理办法》等规定,通过公开招标确立专业施工队伍,严格落实处置规定,实现枯死松树除治率 100%。三是推进质量管控标准化。黄山区健全质量管控验收机制,强化"事前、事中、事后"监管措施,严把除治质量关,实现枯死松树除治质量合格率 100%。四是推进检疫执法规范化。黄山区实行森林植物检疫站检疫执法 24 小时"双人双岗"值班制度,实现检疫检查率和案件查处率均达 100%。五是推进排查整治常态化。黄山区调整充实乡镇排查队伍和林业执法力量,坚持日常巡查排查与专项执法检查相结合,消除松材线虫病人为传播隐患,实现排查整治率 100%。

2. 探索建立跨区域重大林业有害生物防控机制

黄山区深入推进落实山上山下"联防、联控、联动"三联机制。黄山区拉紧环黄山"五镇一场""监测、清理、化防、管控、阻截"联防协作链条。黄山区深入推进落实市内县际联防联控机制，建立与徽州区、黟县第一联防区工作机制，制定毗邻（区）县际联防联治工作任务清单。黄山区深入推进落实市外县际联防联控机制，积极主动与青阳县、石台县、旌德县、泾县开展检疫执法互查交流和松材线虫病防治互查检查，不断推动联防联控机制常态化。

3. 探索建立松林资源科学经营管理机制

黄山区建立除治队伍负责伐除区补植补造生态修复机制和更新造林与推进绿色产业发展、促进村集体经济及新型经营主体合作发展相结合机制。黄山区建立分区施策的综合防治保护松林健康机制，实施重点区域健康松树打孔注药保护和无人机、人工地面化学药物防治；实施环黄山生物控制带内松幼树清理；实施毗邻区域涉松林分改造，形成"自然物理阻隔带"，阻断松材线虫病疫情传播。

4. 健全工作机制，合力推进松材线虫病疫情防控

一是建立党政合力机制。黄山区实行党政领导双挂帅，建立"月安排、月推进、月督查、月通报"制度，实行"四单（责任清单、任务清单、问题清单、落实清单）合一"季度（月）巡林督查工作提示，落实落细防控责任。二是建立部门合力机制。黄山区推行政府与部门双线责任制，对全区在建项目工地、建筑单位、建材经营企业、家具店、物流公司等涉松场所，每月开展1次松木及其制品排查整治专项检查。三是建立社会合力机制。黄山区利用各类媒体广泛宣传松材线虫病防控知识和建立"涉松案件有奖举报制度"等形式，充分发挥群防群治作用。四是建立"监督问责"机制。黄山区出台《松材线虫病防治工作责任追究和奖励办法（试行）》等规定，加强监督问责。

实施林长制守护黄山绿水青山

(十四)六安市构建森林旅游多业态培育机制

六安位于安徽西部、大别山北麓,境内森林资源丰富,全市有林地面积1089多万亩,占全市国土面积46.98%,森林覆盖率达45.51%。实施林长制以来,六安结合当地地理特征和历史文化特征以及城乡居民需求,以"生态优先、绿色发展"为理念,压实各级林长责任,多措并举发展生态旅游与森林康养产业,获得"国家园林城市""国家森林城市""全国森林旅游示范市"等称号。金寨县茶西河谷森林康养基地、霍山县陡沙河温泉森林康养基地成功入选第一批"国家森林康养基地"名单,金寨县天堂寨和舒城县万佛山国家森林公园获得"中国森林氧吧"称号。

1. 加大政策扶持,优化产业布局

六安市结合全国林长制改革示范区创建,全市设立了4个重点生态功能区市级林长和重点生态功能区县级林长;编制出台《六安市森林旅游示范市总体规划(2018—2030年)》《关于加快森林旅游康养业发展推深做实林长制改革的意见》《关于深化新一轮林长制改革的实施方案》《六安市林业产业发展规划(2019—2025年)》等,将发展森林旅游产业作为一项重点工程,明确产业集群的发展布局,积极打造森林旅游林长制改革示范区。

2.坚持保护优先,加强资源保护

全市主要森林旅游地12处,其中国家级森林旅游地4处、省级森林旅游地8处,均落实专门管理机构和巡护人员做好森林防火、防虫、防盗等管护工作,确保森林资源安全。同时,积极培育生态旅游新业态、新产品,提升森林旅游品质和景观价值。

3.夯实配套设施,完善服务功能

六安市实施旅游重点项目建设,完善旅游交通设施,加快旅游集散服务体系建设。六安市在大别山国家风景道沿线建设了大别山单龙寺古树人家、霍山石斛文化博物馆等多个乡村旅游景点,建设游客服务中心、生态停车场,改建新建A级以上旅游厕所、观景摄影平台等,筹集13亿元资金全线贯通大别山旅游扶贫通道,规划建设了"中国最长、华夏最美"的登山健身步道。万佛山国家森林公园先后投入4.5亿元,建设了入园道路、客运索道、旅游登山步道、旅游厕所、景区内部道路、游客中心和旅游停车场等基础设施及供电线路改造,以项目开发建设进一步推动景区(点)及旅游相关产业发展。六安市积极引导各类专业合作社、致富能人和创业成功人士,创办或领办家庭林场、农家乐、精品民宿,从事旅游商品开发等旅游相关产业。

4.依托特色资源,开发旅游产品

六安市各地依据当地资源优势,开发各具特色的旅游产品。同时,各地还围绕国家全域旅游示范区的创建和提升,强化资源整合,突出全域共建。金安区按照"统一规划、分步实施,量力而行、循序渐进,从简节约、注重功能"的原则,建成5个国家AAAA级旅游风景区,串联龙潭河、太平、朱砂冲三大水利风景区,打造九十里山水画廊九节十六景,九十里山水画廊品牌先后荣膺中国健康养生休闲度假旅游最佳目的地、十大长三角自驾游推荐线路等,成为"游安徽不得不玩的十条精品线路""安徽最美自驾十大线路"的重要组成部分。

5. 推进融合发展,加强宣传引导

六安以"森林旅游+"为主线,因地制宜地打造一、二、三产业融合发展的生态旅游与康养产业体系,通过"产业+旅游"的运营模式,积极指导和鼓励研发系列文创产品,丰富森林旅游商品内涵。

六安市国家森林康养基地霍山县陡沙河温泉森林康养基地

(十五)铜陵市探索村庄绿化美化产业优绿色发展机制

铜陵市义安区犁桥村地处长江南岸,犁桥村属典型的平原型村庄,距离城区 16 公里。全村国土面积 4.8 平方公里,其中耕地 3700 亩、水面 650 亩、林地 650 亩,以种植水稻、棉花、油菜等农作物为主。近年来,该村以美丽乡村建设为契机,以林长制改革为抓手,大力实施村庄绿化彩化美化,积极推进国家森林乡村创建,村容村貌和生态环境得到了极大的改善,并利用其优美环境及江南水乡自然生态优势促进乡村旅游和生态文化发展,传统农业正在向现代农业加速转变。犁桥村的发展模式已初见成效并得到广泛认同,先后荣获"全国首批美丽宜居村庄示范""全国美丽乡村创建试点村""中国人居环境范例奖""全国乡村旅游重点村"等称号,2019年被评价认定为"国家森林乡村",2020年荣获"全国乡村旅游重点村"荣誉称号。

铜陵市义安区犁桥村俯瞰图

1. 完善工作推进机制

义安区全面落实林长负责制,区级林长定期到村开展巡查督查,听取创建工作及产业发展计划,与镇村共同研究谋划发展思路。镇级包片林长组织镇政府相关部门,针对村庄绿化、环境美化、基础设施等方面突出短板及产业发展、集体经济等方面关键瓶颈开展调查研究,形成问题清单,并制定具体解决方案。村党委书记任村级林长、村委会主任为副林长,成立林长制工作领导小组,将各项任务分解落实到小组成员。犁桥村成立村民理事会,开展协商议事,强化村民的知情权、参与权、决策权,实现村民共建共治共享,实现村庄绿化规划、设计、施工、养护全链条管理。

2. 实施村庄绿化提升工程

一是开展村庄绿化彩化美化。犁桥村为提高村庄绿化覆盖率,充分利用村庄环境整治腾退出来的空间见缝补绿,因地制宜地发展小果园、小竹园、小花园、小菜园,鼓励农户开展庭院绿化,每户平均栽植果类树种 15 株以上,村庄绿化覆盖率达 45%。二是实施绿化提升改造。犁桥村按照山水林田湖草沙系统治理要求,紧扣"梦里水乡·古韵犁桥"村庄文化主题定位,重点围绕水系沟渠、农田林网、村道路网等生产区域开展配套植树,在居民区等生活区域实施绿化提升改造。三是构建长效管养机制,巩固森林乡村创建成果。犁桥村按照村级林长制工作机制,健全绿化养护制度,落实长效管护资金及养护责任人。犁桥村倡导发动党、团员参与志愿管护,普及村规民约,引导全体村民自觉保护生态,共建美丽家园。

3. 推进乡村产业转型升级

犁桥村探索艺术振兴乡村路径,确立了"以农兴旅、以旅彰农"的发展思路,实施"艺术振兴乡村工程",连续举办两届"中国铜陵田原艺术季"活动,实现乡村文化与观光旅游有机结合。犁桥村充分利用现有资源,因地制宜,提前谋划,引进犁桥水镇、田原艺术区、生态观光民宿区、田园乡村体验区、水乡渔家体验区等多个乡村文化旅游项目,使四面环水的民宅焕发出崭新的面貌,实现传统村落的华丽转变,成为远近闻名的乡村旅游地。同时凭借莲藕、芡实等水生蔬菜的种植优势,推动种植业向种、养、加产业结构发展,促进农民单纯依靠种植收入向务农、务工、农家乐等多元收入转变。

(十六)芜湖市无为市完善长江岸线生态保护修复机制

无为市位于长江下游北岸,芜湖市北部,拥有59.3公里长江黄金岸线。为深入贯彻习近平总书记关于长江经济带建设的一系列重要指示和讲话的精神,以"共抓大保护,不搞大开发"为导向改善长江经济带无为段生态环境质量,无为市委、市政府高度重视、多措并举开展长江大保护,淡水豚保护区拆除工作。无为市以林长制改革示范区先行区为抓手,修复生态岸线,守护江豚微笑,精心组织,科学谋划,将打造水清岸绿产业优美丽长江(无为)经济带建设作为创新点,建立长江岸线生态保护修复和地方公益林生态补偿机制。使全域森林资源显著增加,区域内生态环境明显好转,生态功能明显增强。

1. 见缝"插绿",打造长江岸线生态屏障

一是开展长江岸线建新绿。按照省委、省政府和芜湖市委、市政府关于打造水清岸绿产业优美丽长江经济带的要求,无为市印发了《关于全面打造水清岸绿产业优美丽长江经济带(无为)"建新绿"工作方案》和《全面打造水清岸绿产业优美丽长江经济带(无为)"建新绿"造林绿化技术方案》,深入开展长江岸线"建新绿"工程。二是拓展造林空间。技术人员深入实地指导造林,对长江沿线5公里范围内宜林荒地荒滩、林地"天窗"、裸露地,逐段逐块进行摸排复核,宜林则林,宜湿还湿。无为市倡导大苗壮苗造林,指导选用杨树、冬青、栾树、柳树等耐水湿乡土树种,保障成活成林,实现了绿色无缝连接,造林全覆盖。

2. 修复治理,建立长江岸线生态保护

一是开展林地补植补造,落实沿江退化林修复,有序推进水土流失治理、国有林场水源涵养林保护、铜陵淡水豚国家级自然保护区(无为区域)生境和栖息地修复。二是加大矿山生态修复治理力度,整改拆除违法违规项目(砂站、船厂、码头、取水口等),持续推进绿色矿山建设。三是建立"护渔

与护绿"联动机制,共享信息,实现"治水与治林"的深度融合。四是开展入
河排污口、工业污染、城镇污水垃圾、固废危废、船舶码头污染和港口岸线、
农业面源污染、自然保护区等8个集中整治,彻底治理各类污染源,同时实
施生态复绿项目,注重运用森林病虫害生物防治技术,减少药物的土壤残
留,从根本上消除长江无为段污染隐患。

3. 因地制宜,探索长江岸线生态补偿

无为市印发《无为市林长制改革示范区先行区实施方案》,探索市级公益
林补偿机制保护长江岸线绿化成果,助力构建皖江生态屏障。一是公益林补
偿,对公益林管护者发生的营造、抚育、保护和管理付出给予一定的补助。无
为市将自然保护区内的森林资源纳入公益林管理,分类分标准进行生态补偿。
二是荒滩地退化林修复补偿,对荒滩新造林和退化林修复经验收合格后给予
奖补。无为市对自然保护区内累计拨付企业拆除补助资金超过1亿元。

芜湖十里江湾

第三章　安徽全国林长制改革示范区建设的主要模式

发展模式是运行机制的外在表现形式，也是运行机制效果的体现。安徽全国林长制改革示范区的运行模式是指以发展林业为目标，以经济、制度等外部条件为基础，由特定的区域特点、资源特点决定的林业生产方式构成要素，按照一定的运行机制进行运作，形成了具有一般规律性、可推广的成功范式；是对具有典型代表性的林长制改革示范区建设及运行实践的基本方式、基本方法、基本特征和先进经验进行的集中反映和高度概括，并能够对同类地区林长制改革示范区建设起着指导和示范作用。

自 2019 年 9 月安徽省创建全国首个林长制改革示范区以来，省内各先行区对建设林长制改革示范区开展了大胆尝试和有益探索，形成了一系列适合区域林业发展、各具特色、不同类型的发展模式。总结安徽省全国林长制改革示范区发展模式，从理论上分析其内在的运行规律，从示范区先行区的建设实践中总结经验，对高质量建设林长制改革示范区并向全国推广具有重要的战略意义。

一、安徽全国林长制改革示范区建设模式的确立依据与缘由

(一)安徽全国林长制改革示范区建设模式的确立依据

《安徽省创建全国林长制改革示范区实施方案》提出要深入践行习近平生态文明思想,坚持生态优先、绿色发展理念,打造"绿水青山就是金山银山实践创新区""统筹山水林田湖草沙系统治理试验区""长江三角洲区域生态屏障建设先导区";积极推进林业治理体系和治理能力现代化,创新创造出更多的实践成果和制度成果。相对应地,依据示范区建设的三大目标定位,根据安徽各地林长制改革示范区先行区在建设过程中区域生产要素配置情况和发展路径的差异性,可以将安徽全国林长制改革示范区分为以下三种发展模式,即"绿水青山就是金山银山"的"实践创新"模式、"山水林田湖草沙"的"系统治理"模式、"长江三角洲区域"的"生态屏障区"模式。示范区的三类运行模式都是以习近平生态文明思想为指导,以大力推动生态文明建设为主导,以打造林业优势产业,保障林业发展,带动周边地区农民增收和林业增效为基本出发点。由于各模式的目标定位不同、职责任务不同及各地资源禀赋差异、林业发展重点功能不同等,成就了不同模式下示范区建设的比较优势。

(二)安徽全国林长制改革示范区建设模式的确立缘由

1."绿水青山就是金山银山"是林长制改革示范区建设的理论指南

"绿水青山就是金山银山"揭示了生态环境保护和经济发展不是矛盾对立的关系,而是辩证统一的关系。保护生态环境就是保护生产力。生态效益和经济效益相互作用、相互影响,只有将生态效益和经济效益协同起来,才能推动社会的高质量发展。林长制改革示范区的建设和发展必须兼顾好

"保护"和"发展"两大任务,一方面夯实森林生态修复和保护的基础,保护绿水青山;另一方面要积极探索森林生态产品价值实现机制,推动生态资源变为生态资产,拓展绿水青山向金山银山的转化途径,将林业生态优势转变为经济优势,实现生态效益和经济效益双赢,才能使改革保持强大的生命力,从而助力林业高质量发展。

2. 系统思维是林长制改革示范区建设的方法论指引

习近平总书记指出"推进生态文明建设要坚持系统思维,将生态文明建设融入经济建设、政治建设、文化建设、社会建设各方面和全过程,确保生态文明建设与其他各项建设协同共进,推动形成人与自然和谐发展现代化建设新格局"。系统性思维是推进全面发展的重要思维方式,是生态文明建设和林长制改革示范区建设的最根本遵循。生态是一个整体联动的循环系统,各自然要素共同处于一个有机链条之上,尤其是物化资源(山、水、林、田、湖、草、沙)相互依存、彼此联结,构成了一个"生命共同体"。习近平总书记指出:"山水林田湖是一个生命共同体,人的命脉在田,田的命脉在水,水的命脉在山,山的命脉在土,土的命脉在树。"可以说,"生命共同体"天然就是相互依存、紧密联系的有机整体。林长制改革示范区建设是一项系统工程,不能就林业抓林业,而要在方法论上坚持系统思维。林长制把森林、草原、湿地等生态资源纳入林业治理体系中,注重保护、治理和发展的系统性、整体性和协同性。林长制要把握好林草资源与其他生态要素之间的内在关系,实施山水林田湖草沙一体化生态保护和综合利用,不仅能够提升整个生态系统的质量和稳定性,而且能更好地推动林业高质量发展。《安徽省创建全国林长制改革示范区实施方案》提出护绿、增绿、管绿、用绿、活绿的"五绿"目标,就体现了系统思维,促进山水林田湖草沙自然生态系统整体提升。

3. 筑牢长三角生态屏障是林长制改革示范区建设的现实要求

长三角地区是我国经济发展最活跃、开放程度最高、创新能力最强的区域之一,在国家现代化建设大局和全方位开放格局中具有举足轻重的战略地位,是我国经济发展的重要支柱和增长极。因此,长三角地区的协调发展与一体化建设对新发展格局的构建具有不可替代的引领示范作用。长三角区域社会经济发达,城乡一体化水平较高,但是区域资源环境瓶颈日益凸显,尤其是对自然资源的过度开发,导致生态环境破坏,生态承载力严重超载,生态安全不容乐观。2019 年 12 月 1 日,中共中央、国务院印发的《长江三角洲区域一体化发展规划纲要》就明确要求,强化生态环境共保联治,推进环境协同防治,推动生态环境协同监管,建设全国高质量发展样板区。长三角山水相连,河湖相依。安徽是长三角区域重要的生态屏障,在长三角的森林面积中,安徽约占三分之一,生态资源良好,内陆腹地广阔,承东启西,连接南北,生态区位重要。发挥生态资源良好优势,筑牢长江、淮河、江淮运河、新安江四条沪、苏、浙、皖共同的重要生态廊道以及皖西、皖南两大生态屏障是安徽共建绿色美丽长三角的使命担当。因此,推动林长制改革示范区建设,推进林业高质量发展,对筑牢长三角绿色生态屏障意义重大。

二、"实践创新"模式:"绿水青山就是金山银山"

习近平总书记一向高度重视环境保护和生态建设工作,在主政福建时就非常重视全省经济社会环境协调发展,创建了我国首批生态省;主政浙江后更加强调生态建设和保护对经济社会发展的极端重要性,亲自组织编制了浙江生态省建设规划,重视经济社会发展与资源禀赋、环境承载力相适应,努力建设经济繁荣、山川秀美、社会文明的生态省,提出了"生态兴则文明兴,生态衰则文明衰"的著名论断。2005 年 8 月 15 日,习近平同志来到浙江省安吉县余村考察时,首次提出了"绿水青山就是金山银山"的重要论述。

在我国绿色发展的实践中,"既要绿水青山,也要金山银山。宁要绿水青山,不要金山银山,而且绿水青山就是金山银山"的理念不断深化、逐渐升华,作为习近平生态文明思想的核心内容和习近平治国理政思想的重要组成部分,这个理念是中国改革和发展的指导性原则。

党的二十大报告指出:"大自然是人类赖以生存发展的基本条件。尊重自然、顺应自然、保护自然,是全面建设社会主义现代化国家的内在要求。必须牢固树立和践行绿水青山就是金山银山的理念,站在人与自然和谐共生的高度谋划发展。"《安徽省创建全国林长制改革示范区实施方案》将打造"绿水青山就是金山银山"实践创新区作为林长制改革示范区建设的总体要求之一,为我省拓宽"绿水青山就是金山银山"转化路径提供了新的探索和实践。

(一)"实践创新"模式的内涵理解

创新是指以现有的思维模式提出有别于常规或常人思路的见解为导向,利用现有的知识和物质,在特定的环境中,本着理想化需要或为满足社会需求,而改进或创造新的事物、方法、元素、路径、环境,并能获得一定有益效果的行为。拓展"绿水青山"向"金山银山"转化路径,是打造生态文明建设安徽样板的根本保证。所谓"绿水青山就是金山银山"的"实践创新"模式是指立足于本区域林草资源的约束和林业经济发展基础,以林长制改革示范区先行区建设为抓手,在生态修复的基础上以发展林业产业、打造精品林业为主要目标,以"两山理论"为指导,通过做强特色林业产业、做优林下种植和养殖业、做大生态旅游、创新体制机制等手段,充分聚集先进生产要素的优势,突破自然资源的约束,探索形成一条实现经济与生态互融共生、互促共进的林长制改革示范区建设新模式,实现"绿水青山"向"金山银山"

的价值转化,引领林业高质量发展。"绿水青山就是金山银山"理念的内涵就是要正确处理好环境与发展的关系,正确处理好生存与发展的关系。保护生态环境就是保护生产力。生态效益和经济效益相互作用、相互影响,只有将生态效益和经济效益协同起来,才能推动社会的高质量发展。只有实现生态经济化和经济生态化的有机统一,才能维护"自然—社会—经济"生态系统的动态平衡,使"生产者(绿色植物)—消费者(草食动物、肉食动物)—分解者(微生物,主要是细菌和真菌)"三者之间的物质循环与能量转化达到动态平衡,从而提高整个生态圈的生产能力、消费能力与还原能力,这是"绿水青山就是金山银山"的深层含义。

安徽全国林长制改革示范区的建设,一方面是夯实森林生态修复和保护的基础,保护绿水青山;另一方面积极探索森林生态产品价值实现机制,推动生态资源变为生态资产,拓展"绿水青山"向"金山银山"的转化途径。"绿水青山就是金山银山"为推进林业生态文明建设,将林业生态优势转变为经济优势提供了理论依据和方向。安徽全国林长制改革示范区建设能够兼顾好"保护"和"发展"两大任务,将林业生态优势转变为经济优势,实现生态效益和经济效益双赢,助力安徽打造生态文明建设样板。六安市金寨县、霍山县,铜陵市枞阳县,安庆市望江县,淮南市大通区等林长制改革示范区先行区建设都是这种模式的典型代表。

(二)"实践创新"模式的特点

1. 做好生态修复,重塑绿水青山、换来金山银山

修复和保护完整的自然生态系统,最大限度地改善区域环境,是提升区域生态环境质量和生态承载力的重要内容。优质的生态环境是经济社会持续健康发展的重要推动力量,因此做好生态环境保护修复工作不仅可以满足人民不断增长的对优美生态环境的需要,还可以为经济发展提供各种资

源,推动可持续发展。"实践创新"模式重视生态修复,提升生态质量,恢复绿水青山。在生态修复中,深耕绿色发展优势,将生态资源向旅游资源转化,实现生态效益、社会效益和经济效益的"三效合一"。

2. 发展特色林业,守护绿水青山、创造金山银山

发挥林业资源优势,推动特色林业产业发展,积极推进生态产业化和产业生态化,既能满足人民群众对优美生态环境、优良生态产品和优质生态服务的需求,又能推动生态优势转化为经济优势。"实践创新"模式常以增加经济林资源为突破口,调整林业结构,大力发展优质高效林业,结合区域产业布局推动重点品种种植,挖掘特色林业价值。同时,还充分发掘林业资源优势,进行多元化开发利用,推动林禽、林药、林畜等林下经济产业项目发展,推动农林牧资源共享、优势互补,借绿水青山造金山银山,促进林业全面协调可持续发展。

3. 推动一、二、三产业融合,盘活绿水青山、做大金山银山

推进林业一、二、三产业的深度融合发展,是延长林业产业链与价值链、实现林业高质量发展的必由之路。"实践创新"模式注重推进林业产业结构调整,做实做稳以森林资源培育为重点的林业第一产业,做大做强以林产品精深加工为重点的林业第二产业,做精做旺以森林生态旅游、森林康养为重点的林业第三产业。"实践创新"模式促进林业三产交叉重组、融合渗透,形成林业产业新模式,不断丰富和拓展"绿水青山"转化为"金山银山"的有效路径。林业一、二、三产业融合发展是对传统林业经济模式的变革,通过产业交叉融合,优化资源配置和要素聚集,实现林业产业的全面发展。

4. 创新体制机制,共享绿水青山、守住金山银山

"实践创新"模式以改革创新为总抓手,优化制度供给,强化政策保障,提升林业治理水平,将林业制度优势转化为林业治理效能。深化林业综合改革,推进集体林地经营权流转,发展适度规模经营,优化产业发展的营商

环境,吸引社会资本、人才、科技等要素上山入林,促进林业发展,守住金山银山。

(三)"实践创新"模式的启发

在传统发展模式中,经济发展和环境保护是一对"两难"的矛盾。美国经济学家库兹涅茨认为,当经济发展水平较低时,环境污染程度较轻,但是随着经济的增长,环境污染由低向高;当经济发展达到一定临界点时,环境污染又由高向低,环境质量逐渐得到改善。这种现象被称为"环境库兹涅茨曲线"。习近平总书记强调:"绿水青山就是金山银山,改善生态环境就是发展生产力。良好的生态本身蕴含着无穷的经济价值,能够源源不断创造综合效益,实现经济社会可持续发展。"要深刻理解生态本身就是经济,保护生态就是发展生产力,必须坚持在发展中保护,在保护中发展。安徽打造"绿水青山就是金山银山"实践创新区是安徽贯彻落实习近平生态文明思想,践行"绿水青山就是金山银山"理念的重要举措。实践创新区建设必须注重生态保护修复与开发利用同步发力、同向发力、综合用力,才能让"绿水青山"建得更美、"金山银山"做得更大。探索实践创新区的发展路径,凝练可复制、可推广的建设模式,让绿水青山变成金山银山,走出一条通过优化生态环境带动经济发展的全新道路,实现环境保护与经济发展双赢的目标。

1. 要让生态价值"立"起来

绿水青山和金山银山绝不是对立的,关键在人,关键在思路。要坚决摒弃以牺牲生态环境换取一时经济增长的做法,让良好生态环境成为广大人民群众最大的福祉,成为经济社会持续健康发展最大的支撑。保护生态环境就是保护生产力,改善生态环境就是发展生产力。安徽全国林长制改革示范区要始终坚持绿色发展观,咬定"青山"不放松,持之以恒地将之转化为全社会认同和遵循的共同价值理念和行动指南。

2. 要让市场机制"活"起来

坚持以体制机制创新为突破口,先行先试,持续探索建立长效机制,要大胆改革创新,让市场在自然资源资产价值实现机制与配置机制中起决定性作用,用市场机制撬动全域生态补偿机制,用市场机制调动企业主体实现效益与环保双向协同、双向提升的内在积极性,推进生态产品的价值实现。

3. 要让产业经济"优"起来

产业优是壮大经济实力、全方位推动高质量发展超越的坚实支撑,也是经济发展"高素质"最直观、最核心的表现。坚持创新理念,立足资源禀赋、产业基础和比较优势,做大做强以产业生态化、生态产业化为主体的生态经济体系,构建低碳高效的绿色产业体系,使产业发展筑牢"里子",撑起"面子",坚持绿色"底色"。

4. 要让创新使百姓腰包"鼓"起来

"创新是引领发展的第一动力",将改革创新与绿色发展有机结合,是提升经济发展质量效益、保持经济社会持续发展的内在要求,也是实现人民对美好生活向往的根本保障。生态文明建设的最终落脚点,是人民群众的获得感和幸福感。保护生态环境、发展生态经济,最终还要兑现生态福利。要坚持把增强人民群众获得感的改革摆在突出位置,创新经营体制机制,优化发展环境,培育新型经营主体,引导企业下沉到生产基地、农民主动嵌入进全产业链,创新探索更多惠农益农联结新机制,注重把"生态美"转化为"百姓富",让老百姓真正受益。同时,要最大可能为老百姓提供优质的生态产品,最大限度减少老百姓身心健康资本支出、优质生活成本支出,让老百姓成为"绿色福利"的最大受益者,进而成为绿色发展的坚定践行者。

（四）"实践创新"模式的典型案例：六安市霍山县全域打造"绿水青山就是金山银山"实践创新基地

1.六安市霍山县基本情况

六安市霍山县地处北纬31度线、北亚热带温湿季风区，位于安徽省西部大别山腹地，是大别山国家生态功能区核心区域，森林覆盖率达76%。霍山地貌特征"七山一水一分田、一分道路和庄园"，是一个典型的山区、库区、革命老区县。霍山县实施林长制改革以来，坚持以习近平生态文明思想为指导，坚定"生态立县"战略不动摇，大力推进林业"生态效益优先"战略，将县域生态保护与脱贫攻坚、乡村振兴、产业发展等有机结合，森林面积稳步增加，森林质量不断提升，良好的生态环境已成为霍山经济社会发展的重要基础，也成为最普惠的民生福祉。2017年，霍山县荣获"中国天然氧吧"称号。霍山县坚定不移地举"两山"旗、走"两山"路、创"两山"业，立足特色资源，探索出具有浓厚地方特色的"一斛""一茶""一水"的两山转化模式，同时将绿色理念融入旅游和康养产业，结合山区特色和生态特点，促进康养和旅游产业的兴起与发展，实现了一、二、三产业融合发展，拓展了由绿水青山到金山银山的转换通道。2019年，霍山县正式成为首批国家全域旅游示范区，被评为全国康养产业可持续发展60强县。2020年，霍山县被评为"全国第四批'绿水青山就是金山银山'实践创新基地"。

2.主要做法

强化政策扶持，优化林业发展格局。霍山县先后编制了《霍山县竹产业发展规划》《全县中医药健康旅游发展规划》《全县旅游总体规划》等专项规划，出台了《霍山县推进竹产业发展实施意见》《霍山县扶持旅游业发展奖励办法》《霍山县中药产业发展扶持奖励办法》和《关于做优做强霍山石斛产业的实施意见》等扶持政策，推动林业产业升级发展，扶持林业产业发展壮大,加快林长制改革示范区先行区建设。霍山县围绕示范区先行区的创建和提升,强化资源整合,突出全域共建,优化林业发展格局。霍山县根据生态功能定位、地貌特点、区域气候和水土条件等实际情况建立功能区,以但家庙、下符桥、与儿街等为核心发展油茶等产业,建立江淮果岭功能区;以诸佛庵、黑石渡、佛子岭等为核心提高毛竹产业产值,建立竹产业功能区;以上土市、太阳乡、漫水河、太平畈等为核心发展林下中药材,打造"西山药库"功能区。霍山县围绕示范区先行区的创建和提升,强化资源整合,突出全域共建,优化林业发展格局。

整合资源,提升林业产业发展水平。在完善林下种养业模式方面,霍山县林下经济已初步形成了林药、林牧、林菌、林游、林果等发展模式,林下种植业已经逐步完善。在林药模式上,霍山县主要打造"西山药库"功能区,在太平畈乡已建成霍山石斛文化博物馆。在林牧模式上,根据市场需求,结合乡村振兴,霍山县不断发展有规模的林下畜禽养殖业,在林下放养或圈养猪、山羊、鸡等传统畜禽,生产市场上畅销的带"土"字畜禽产品。在探索林业生态优势持续转化为林业产业优势方面,霍山县立足资源禀赋,着力发展竹产业、木本油料产业、森林旅游休闲服务业等主导产业。在推进竹产业发展上,霍山县加大建设任务和政策扶持力度,每年安排县级专项引导资金,扶持竹林经营培育、竹林基础设施建设,推动竹产业高质量发展。在打造木本油料高效示范基地上,霍山县积极推广示范油茶整形修剪丰产培育技术、开展省级油茶林病虫害绿色防控项目,以点带面,辐射带动木本油料基地提高科技含量,提升经济效益,促进木本油料高质量发展。

加大创新,推进森林旅游发展升级。霍山县积极提升森林生态旅游基础设施服务能力,发展有地方特色的森林旅游、森林康养产业,突出温泉养生、科普探险、竹海观光、花果田园、林业创意等特色旅游,不断打造大别山主峰白马尖景区、铜锣寨景区、佛子岭水库风景区、霍山县上土市镇陡沙河温泉国家森林康养基地、诸佛庵镇仙人冲画家村、诸佛庵镇大别山第一竹海、磨子潭镇堆谷山森林旅游基地、但家庙镇山地自行车比赛基地等,建设宜养宜业宜游的生态文明之城,带动霍山全域旅游发展。霍山县将绿色理念融入全域旅游和康养产业,结合山区特色和生态特点,积极打造"温泉小镇""石斛小镇""漂流小镇""鲜花小镇"等一批小镇,推动森林旅游转型升级,带动沿线群众致富增收。霍山县实现从"拥有绿水青山"资源禀赋到"保护绿水青山、挖潜金山银山"成功转型。

3. 主要成效

完善了林下经济发展格局。霍山县推动形成了林药、林牧、林菌、林游、林果等发展模式,已发展林下霍山石斛(米斛)、黄精、白芨、菊花、艾草、杜仲、山茱萸等中药材6000多亩,其中林下石斛种植面积约2000亩;利用油茶林下套种豆类、菊花等经济作物约3000亩;年均培育林下食药用菌天麻约1000亩,年产量约100吨;培育茯苓面积约1200亩,年产茯苓约4000吨。目前,霍山县林下种植业已经逐步完善,林下畜禽养殖业逐渐成规模。

推进了优势林业产业发展。霍山县立足资源禀赋,着力发展竹产业、木本油料产业和森林旅游休闲服务业等主导产业。在"十四五"期间,霍山县将建设高效笋材两用林示范基地1万亩,新建竹林运材道400公里。2021年,完成高效笋材两用林建设2000亩,竹林运材道建设80公里。全县油茶相对集中连片面积11.4万亩。2022年,完成新造高质量油茶林4500亩。霍山县充分发挥6个国家地理标志保护产品、5个中国驰名商标的品牌价值,开发销售霍山黄芽、霍山石斛、野生葛根粉、生态瓜果、茶油等系列特色产品。霍山县推出石斛中医药康养度假游,开发石斛观光、餐饮产品,每年接待游客上万人。

三、"系统治理"模式:统筹山水林田湖草沙综合发展

党的二十大报告指出:"我们要推进美丽中国建设,坚持山水林田湖草沙一体化保护和系统治理,统筹产业结构调整、污染治理、生态保护、应对气候变化,协同推进降碳、减污、扩绿、增长,推进生态优先、节约集约、绿色低碳发展。"《安徽省创建全国林长制改革示范区实施方案》中将打造统筹山水林田湖草沙系统治理试验区作为我省林长制改革示范区建设的总体要求之一,赋予了我省统筹山水林田湖草沙系统治理发挥示范作用的新使命。

(一)"系统治理"模式的内涵

山水林田湖草沙是一个生命共同体,是相互依存、紧密联系的有机整体。"系统治理"模式就是利用系统思维、系统观念,运用系统化、整体化、协同化治理手段,统筹山水林田湖草沙作为系统整体之间相互依存、彼此作用的关系,进行系统保护、宏观管控、综合治理的一种发展模式,以系统治理模式探索深化林长制改革的"五绿"协同系统发展目标。把握好森林与其他生态要素之间的内在关系,实施山水林田湖草沙一体化生态保护和综合利用,不仅能够提升整个生态系统的质量和稳定性,而且能更好地推动林业高质量发展。林长制改革本身就是要把森林、草原、湿地等生态资源纳入林业治理体系,要注重保护、治理和发展的系统性、整体性和协同性。推进全国林长制改革示范区建设,实现护绿、增绿、管绿、用绿、活绿的"五绿"目标,促进山水林田湖草沙自然生态系统整体提升,建设多元共生、健康可持续的自然生态系统,是打造生态文明建设安徽样板的发展方向。

（二）"系统治理"模式的特点

1. 系统性

首先，"系统治理"模式强调要用系统的观念看待山水林田湖草沙之间的关系，以系统的思维模式准确把握山水林田湖草沙作为一个整体进行治理的重要性。习近平总书记强调："山水林田湖草沙是生命共同体。"因此，"系统治理"模式要求将山水林田湖草沙作为一个共同体来看待，任何一个环节都不可偏废，任何一个环节都同等重要。山水林田湖草沙的治理缺一不可，它们共同构成生态文明建设的重要载体。

其次，"系统治理"模式强调要用系统的手段进行治理。示范区内统筹山水林田湖草沙的治理，需要进行系统保护、宏观管控和综合治理，建立覆盖全范围的国土空间开发保护制度，通过全域综合治理、综合改革试验，为全面推行林长制探索方式手段和路径。

2. 多元性

首先，"系统治理"模式面对的治理对象包括山水林田湖草沙等各主体。虽然林长制改革的对象是"林"，但是"林"的治理离不开山水田湖草沙。山水林田湖草沙各主体治理的要求、方式有所差异，要针对不同的自然生态给予适应的治理模式。

其次，"系统治理区"模式要实现"五绿"目标，即护绿、增绿、管绿、用绿、活绿。护绿，强调的是保护现有的林业资源和潜在的林业发展机会；增绿，强调的是增加森林覆盖率，让林业生态产品供给能力显著增强，自然生态系统更加完备；管绿，强调的是通过林业治理体系和治理能力现代化，探索出林业生态治理的安徽方案；用绿，强调的是用好林业生态资源，促进林业资源提升整体生态资源发展水平，促进林业资源提升生态经济建设水平；活绿，强调的是以更加灵活的手段、多元的发展渠道和优化的环境促进林业资源效用优化。可以看出,不同的目标侧重点不同,它们相互依存却也缺一不可。

3. 循环性

首先,"系统治理"模式强调要深刻把握山水林田湖草沙之间的循环关系。山水林田湖草沙是生命共同体,说明它们是有生机和灵气的。人的命脉在田,田的命脉在水,水的命脉在山,山的命脉在土,土的命脉在树。山水林田湖草沙彼此循环,相互影响,让生态资源呈现出良好的生命力。

其次,"系统治理"模式强调林业与自然生态系统之间的循环,生态资源系统与美丽中国建设之间的循环。党的二十大报告提到,中国式现代化是人与自然和谐共生的现代化。我们要坚持可持续发展,坚定不移地走生产发展、生活富裕、生态良好的文明发展道路,实现中华民族永续发展。我们要推进美丽中国建设,就必须持之以恒地促进山水林田湖草沙之间的循环永续发展,让美丽的生态自然成为美丽中国建设的推进力量,让美丽中国建设的目标促进生态资源系统良性发展。只有将林业生态系统与自然整体生态系统循环反复良性互动起来,让美丽中国建设的美好愿景促进自然生态系统的健康发展,才能够实现中华民族的永续发展。

(三)"系统治理"模式的启发

山水林田湖草沙系统治理试验区是安徽深化林长制改革示范区建设的重要模式探索,也希望通过试验区的打造,探索深化林长制改革示范区乃至生态文明建设省级样板的新思路和新举措。因此山水林田湖草沙系统治理试验区的建设,要勇于探索、不怕出错、及时纠偏、不断总结、深刻反思、系统改进,要以生态系统治理体系和治理能力现代化提升作为试验区推进的内在行动指南,进而探索出系统治理生态资源的经验模式,提高生态系统的永续发展能力。

1. 牢牢把握统筹山水林田湖草沙系统治理的新要求

要按照自然生态的整体性、系统性及其内在规律,统筹考虑自然生态各要素之间的内在关系,明确山水林田湖草沙对统筹人类永续发展的重要意义,进一步增强尊重自然、关爱自然、顺应自然的意识和能力。

2. 严密的组织体系是系统治理的引领和保障

推进试验区绿色发展是一项综合性、系统性工程,要把它贯通于市场、区域、产业和社会的各个不同层面;贯穿于生产、流通和消费的各环节,以小的资源消耗获得最大的经济、社会和生态效益。保护和发展生产力,走循环生产型、科技含量高、资源节约型和生态保护型的经济发展之路,把生态优势转变为经济优势和产业优势,需要强有力的组织体系建设。要从全局出发,结合本地实际,按照"山水林田湖草沙是生命共同体"的原则,加强顶层设计,建立健全一体化生态修复、保护和监管制度体系,发挥好各级林长的组织指挥与协同作用,构建起保障当地绿色发展的机制和体系,实现山水林田湖草沙一体化保护和系统化治理。

(四)"系统治理"模式的典型案例:安庆市望江县大力推进长江岸线生态景观廊道跨区域一体化建设

1. 主要做法

积极推进宜林地营造林建设。安庆市充分发挥长江经济带丰富的树种资源和良好的水源条件等优势,对区域内造林难度大的宜林地采取因地制宜、分类施策的原则,以宜林地面积较大的望江县雷池乡东兴圩为新造林重点,大力推进宜林地营造林建设。同时对长江岸线 1 公里、5 公里、15 公里范围内所有宜林地块,开展生态修复和建新绿行动,构建长江绿色生态廊道,打造水清岸绿产业优的美丽长江经济带。

强化农田林网防护林建设。望江县围绕水网、田网、路网"三网合一"的原则,实施生态林、产业林、景观林"三林共建"模式,特别是在农田网方面,通过补栽植绿,形成沟、路、田、林、渠相统一的农田林网格局。

大力实施河道提升改造工程。望江县对现有河道严控河砂开采量,通过建立河道旁的天眼系统,加强巡逻巡视力度,设立河长制等方式,对盗采河砂分子加大处罚力度,确保河道整体生态功能恢复。

建立长效管理机制。一是确定长江岸线生态景观廊道管理运营方式,国有及集体营造林单位要落实管理主体、管理职责及管理经费。二是对大户造林,林业部门应加强技术指导,督促造林户做好管护及抚育管理。三是实现长江岸线生态景观廊道建设的健康可持续发展,雷池乡积极探索生态廊道建设新的投入主体和渠道,鼓励社会各界参与生态廊道建设和运营工作。四是建立了"政府主导+造林主体+财政补助+金融支持"的多元化长效运营管理机制。

提升优化栽植模式。望江县结合生态景观廊道在人民生活中的主要作用,通过丰富多彩的树种搭配和合理的栽植方式满足社会的各种需要,以近自然造林方式为主,采用稀植、自然式布局,合理安排景观尺度,防止视觉疲劳。

2. 主要成效

生态林业效果显现。常规林业以生产木材及相关林产品为主,生态景观廊道建设是以生态效益为主,为人民群众提供美好的生活环境,适应美好乡村建设需要。

村庄绿化美化显现。长江流域生态景观廊道打造了"一条富裕线、生态线、景观线",望江县通过拓展美丽乡村的造林绿化空间,挖掘城镇村庄绿化潜力,构建了与自然生态相协调的城乡绿化景观,形成长江岸线生态景观廊道与城镇化建设、美丽乡村建设相适应的跨区域一体化城乡绿化、美化格局。

合理开发利用显现。望江县通过政策引导和制度约束等手段,鼓励社会各界参与生态廊道项目开发,同时规范开发活动内容,防止市场利益驱动下的盲目开发。合理开发长江岸线生态景观廊道是生态廊道建设实现可持续发展的强劲动力,也是解决"保护与发展"困局的重要途径之一,同时兼顾了地区经济、社会发展需求。

四、"生态屏障区"模式:筑牢长江三角洲区域生态保护屏障

党的二十大报告指出,"深入实施区域协调发展战略、区域重大战略、主体功能区战略",构建优势互补、高质量发展的区域经济布局和国土空间体系。安徽以国家重点生态功能区、生态保护红线、自然保护地等为重点,加快实施重要生态系统保护和修复重大工程。《安徽省创建全国林长制改革示范区实施方案》将打造长江三角洲区域生态屏障建设先导区作为我省林长制改革示范区建设的总体要求之一,赋予了我省在谋划、实施长三角区域生态屏障建设中开辟新领域、探索新路径的机会。

(一)"生态屏障区"模式的内涵

筑牢长三角区域生态保护屏障,是打造生态文明建设安徽样板的坚实基础。"生态屏障区"模式就是基于长三角一体化发展背景,探索"整体"空间格局下地方"分部"的使命任务,通过地方相互合作,利用生态资源系统性特征,共筑区域生态屏障。习近平总书记指出:"长三角地区是长江经济带的龙头,不仅要在经济发展上走在前列,也要在生态保护和建设上带好头。"长三角地区时空一体、山水相连、河湖相通,生态环境休戚相关,生态服务功能相互关联,筑牢长三角区域生态屏障对推动长三角一体化具有重要意义。安徽省作为长三角区域的重要成员,林草资源丰富,林业产业特色明显,发

展基础良好，是长三角地区重要的生态屏障。根据长三角区域内生态系统空间分布特征、生态区位重要性，明确区域主要生态问题、生态系统服务功能，确定对保障区域生态安全具有至关重要作用的关键区域，通过发挥区域相互影响作用共同形成强大的生态庇护能力，减少和预防各种自然灾害对地区经济社会发展的胁迫，通过生态支撑能力，促进区域可持续发展。

（二）"生态屏障区"模式的特点

1. 地域性

首先，"生态屏障区"明确的是长三角范围内的生态屏障区。因此，安徽全国林长制改革示范区将立足长三角、服务长三角作为"生态屏障先导区"的基本出发点。长三角地区具有经济发展水平较高、地区发展相对均衡、基础设施建设较为完备、地区之间联系紧密等典型特点。正是这样的特点，决定了安徽在打造"生态屏障先导区"过程中，要明确此区的打造对促进长三角发展，对长三角成为世界重要城市群的重要意义，从思想认识上予以深化。

其次，从空间地理方位上，安徽作为沪苏浙的腹地省份，是很多流经沪苏浙河流的上游，安徽的林业生态资源发展情况，直接影响沪苏浙地区生态建设发展。因此，安徽应该加深与沪苏浙之间的生态合作，通过长三角各种联席会议制度，共同致力于"生态屏障先导区"的建设与发展。安徽要主动承担"生态屏障先导区"的责任，展现安徽在生态治理方面的积极作为，为更进一步打造安徽绿色发展样板区展现安徽的担当和作为，发挥安徽在长三角一体化发展中的积极作用，增强安徽发展的吸引力。

再次，安徽打造"生态屏障区"模式要立足安徽自身地域特点。长三角一体化进程中，安徽整体发展水平与沪苏浙有一定的差距。安徽发展的好坏直接决定长三角一体化发展水平。安徽要增强发展的紧迫感，要强调生态建设的相互循环、彼此共生关系的同时,还要维护好安徽自身发展的利益。长三角要通过生态补偿、生态资源协同开发与治理、生态保护合作共商等机制,确保安徽生态文明建设良性发展,成为促进美好安徽建设的有力推动力量。

2. 持续性

首先,"生态屏障区"模式强调区内生态空间保护。通过明确区域内生态资源相互之间依存关系,建立生态空间保护大格局,这将促进区域生态系统的可持续发展。

其次,"生态屏障区"模式强调构建区域化生态网络,通过生态网络的彼此影响、相互促进、互联互通,构筑起区域内生态资源可持续发展的网络基础。

3. 整体性

首先,"生态屏障先导区"自然生态资源具有整体性。在长三角,同一个山脉体系跨越两个省区,同一片森林资源影响两个省区主要林业经济发展都是常有的事。正是因为"生态屏障先导区"是一个整体,如何发挥整体效能就成为安徽深化林长制改革发展的重点方向。

其次,"生态屏障区"模式强调长三角地区发展的整体性。长三角生态发展、经济社会发展等都是一个整体,只有以整体的观念看待"生态屏障先导区"的发展,明确美丽长三角不是靠哪一个地区就能实现,才能真正强化每一个地区在生态资源发展中的主人翁意识,强化每一个地区的生态发展担当。

（三）"生态屏障区"模式的启发

"生态屏障区"模式是打造具有重要影响力的长三角绿色发展样板区的重要一环,更是深化区域合作发展战略的具体体现。党的二十大报告提出深入实施区域协调发展战略,长三角区域一体化是重要的国家区域协调发展战略,探索打造长三角一体化发展的典型样板对长三角各地区来说都是重要的治理思路新拓展。安徽致力于打造生态屏障先导区,既是响应国家生态文明建设,更是深入实施区域协调发展战略。因此,"生态屏障先导区"建设得好不好,有没有将区域协调发展、人与自然和谐发展、国家生态安全发展贯彻落实好,成为展现安徽担当的重要窗口。

"生态屏障区"模式能够积极展现安徽在长三角生态一体化建设中的安徽担当。作为长三角一体化发展中最后加入的"插班生",安徽的经济社会发展水平与沪苏浙相比,仍然有一定的差距。安徽要提高自己在长三角一体化发展中的地位,展现安徽良好的经济社会发展风貌,就需要牵头并组织一系列的旨在推动长三角发展的改革先导区建设。先导区建设提供的安徽经验、安徽方案、安徽思路,对提升安徽投资营商环境、展现安徽负责任省份的担当具有重要意义。

同时,在安徽高风格承担起"生态屏障区"功用后,长三角区域也应适当给予安徽一定的生态补偿。由此,要建立长三角区域生态文明建设的合作共治的机制和平台。随着工业化、城镇化的加速发展,流域生态安全面临着严峻的挑战。因此,在跨流域环境保护与管理上,不同行政区域在环境保护方面不能单打独斗、各自为政;要不断统一思想、深化认识,突出结果导向;基于"成本共担、利益共享"的共识,把保护流域生态环境作为首要任务;以互利共赢为目标,以绿色发展为路径,以体制机制建设为保障,建立流域补偿机制框架,实现跨省生态保护补偿;共同实施流域污染治理与生态修复,破解经济发展与环境保护之间的困境,确保流域生态安全;坚定不移地走生态优先、绿色发展的路子,推进流域内在生态环境共治、交通互联互通、旅游资源合作、产业联动协作、公共服务共享领域等方面不断深化区域协同发展,实现生态效益和经济效益同步提升。

（四）"生态屏障区"模式的典型案例：黄山市推进新安江廊道建设，打造生态林业升级版

新安江发源于安徽黄山，流入浙江千岛湖，是长三角重要的生态屏障。新安江百里画廊是国家 AAAA 景区，位于中国历史文化名城歙县深渡镇。2020 年 5 月，新安江百里画廊被纳入安徽省林长制改革示范区先行区建设点，歙县县委、县政府紧紧围绕完善新安江百里画廊林相改造模式、探索建立新安江流域多元化生态补偿机制、探索建立融入"杭州都市圈"生态安全保护修复机制，加快推进新安江百里画廊林长制改革示范区先行区建设，蹚路子、出经验，筑牢长三角生态安全屏障，推动新安江百里画廊建设再上新台阶。

1. 主要做法

周密部署，高位推进。歙县出台《歙县新安江百里画廊林长制改革示范先行区实施方案》。歙县围绕"推进新安江百里画廊林相改造、建立新安江流域多元化生态补偿机制、建立融入'杭州都市圈'生态安全保护修复机制"三个创新点，17 项重点工作，明确各项工作的牵头单位和责任单位，扎实落实任务责任。歙县成立示范区先行区建设领导小组，明确职责；利用新安江生态补偿机制，制定《新安江综合保护工程规划》，将森林景观提升纳入新安江综合保护工程规划一并组织落实。同时，加强规划引领，聘请浙江农林大学园林规划设计院规划沿江林相改造，科学设计合理规划蓝图。

综合施策，整体推进。歙县深入实施新安"十大工程"，大力开展沿线村庄整治。歙县大力开展林相改造，逐步将纯林改造成针叶阔叶混交林，大幅增加彩叶树种比例，提升新安江百里大画廊森林景观效果。歙县打造湿地景观，实施退耕还湿还林工程，对沿江 108 米水位线以下及低洼处耕地实施休耕，开展还湿还林，恢复湿地功能。用好名木资源。歙县以古树名木保

护修复工程为支撑,对新安江两岸沿线古树名木实施保护性修复。全力提升百里画廊颜值。歙县紧紧围绕"拆、控、改、修、建、收"六字诀,全力推进新安江百里大画廊南源口至深渡旅游码头段风貌整治及景观提升专项行动。

聚焦发力,突破推进。一是聚力抓好沿江湿地建设,高标准推进十大湿地、百里彩带(彩色树种林带)、千顷茶园、万亩果林建设。二是聚力抓好"一村万树"工程,对沿江 34 个村庄开展"四旁""四边"绿化提升,推广适生彩色乡土树种。三是聚力打造美丽茶园、美丽果园,统筹推进生态建设与产业发展。四是聚力抓好森林旅游,开展"林区景区化"建设,以示范区先行区建设推动全域旅游发展。五是聚力融杭接沪和融入长三角一体化发展,探索更加合理的生态补偿机制,推动林业事业可持续发展。

"双长"融合,综合保护。双长融合护生态,通过林长、河长一体化融合,加强生态巡护,落实"三退"(退耕还湿、网箱退养、退捕上岸)措施,改善山水生态环境,以提升百里画廊的山水景观质量。歙县筹集资金促发展,按照"安排一部分、挤出一部分、整合一部分、争取一部分"的思路,申报山水林田湖草新安江湿地建设项目,整合多方资金保障示范区先行区建设。

2. 主要成效

社会效益好。在新安江百里画廊林相改造建设中,县林业局重点组织实施了古树名木修复、退耕还湿还林和"森林旅游+"工程,完成漳潭千年古樟等沿江 102 株古树提质保护项目及 108 米水位线下 3101 亩的退耕造林,从而有效地改善新安江百里画廊的森林生态旅游环境和景观效果,吸引了更多的游客前往景点游览观光。

经济效益高。成功申报登记"三潭枇杷"和"三口柑橘"地理标志产品和农村电商的建设,有效地提升了歙县枇杷和柑橘的知名度,并推动了林产品的销售,同时带动采摘游;通过"生态农艺+粘虫黄板+生物农药"模式,开展茶园绿色防控工作,走生态绿色生产之路,提高了茶叶品质,增加了农户收入。

示范带动强。歙县落实启动 3 个"美丽茶园"建设基地和 4 个缓坡茶园"坡改梯"示范片；实施特色产业基地建设中的果园改造、枇杷精品采摘园和枇杷膏加工企业建设；探索建立湿地补偿机制工作，落实并兑现休耕农地补偿。

歙县在推进林长制改革示范区先行区建设过程中，新安江百里画廊沿线湿地功能逐步加强，森林景观实现绿化彩化，生物种群越来越丰富。新安江廊道工程建设有力地推进了皖南地区森林资源高质量发展升级版的日益完善，为长三角生态安全筑牢了生态屏障。

第四章　合"力"高质量提升安徽全国林长制改革示范区的治理效能

制度体系是生态文明体系的根本制度保障，生态文明建设需要制度体系支撑。习近平总书记指出，要加快建立和健全"以治理体系和治理能力现代化为保障的生态文明制度体系"。党的十八届三中全会通过的《中共中央关于全面深化改革若干重大问题的决定》，首次确立了生态文明制度体系，基本形成了生态文明制度的"四梁八柱"。党的十九届四中全会审议通过了《中共中央关于坚持和完善中国特色社会主义制度、推进国家治理体系和治理能力现代化若干重大问题的决定》，必将深入推进环境治理体系和治理能力现代化，为建设生态文明提供重要保障。党的二十大继续强化"推进国家安全体系和能力现代化"，强调"健全共建共治共享的社会治理制度，提升社会治理效能"。安徽全国林长制改革示范区自 2019 年创建以来，通过大规模地开展造林绿化，城乡生态环境显著改善，更重要的是探索出自上而下的高位推进与横竖到边的部门联动协调发展机制，以试点先行的顶层设计治理理念推深推实基层治理创新实践。当前，示范区发展中的体制机制及科技支撑、市场化经营方式、安全监管方面有待治理完善。因此，如何提升示范区发展的治理效能，需要从治理手段入手，不断提高生态文明建设治理能力，将生态文明建设全面融入经济社会发展全过程和各方面，通过多"力"协作、合"力"推进,解决生态环境领域突出问题,抓好生态文明体制改革和制度建设,落实已出台的改革举措。

一、强化党领导的核心力,高质量提升示范区的组织领导

党的十八大以来,党中央权威和集中统一领导得到有力保证,党的领导制度体系不断完善,党的领导方式更加科学,全党思想上更加统一、政治上更加团结、行动上更加一致,党的政治领导力、思想引领力、群众组织力、社会号召力显著增强。习近平总书记在党的二十大再次明确强调"中国特色社会主义最本质的特征是中国共产党领导,中国特色社会主义制度的最大优势是中国共产党领导,中国共产党是最高政治领导力量","党的领导是全面的、系统的、整体的"。中国共产党成立 100 多年来取得的经济社会成就,充分证明必须始终坚持中国共产党的领导,中国共产党是中国特色社会主义事业的领导核心。强化党领导的核心力,有利于在高质量推进示范区建设中充分发挥党的集中统一领导,确保政务运行的高效性;有利于完善党组织的监督负责制,确保政治方向的正确性;有利于坚持党的科学理论,确保政策导向的一贯性。

(一)不断提升党的政治领导力,确保示范区建设具有坚强的组织保障

政治领导力是中国共产党领导力的核心。中国共产党坚持用马克思主义中国化作为指导思想,制定符合中国国情并一以贯之的政策方针路线指导具体工作。通过健全的党组织建设,在民主集中制的原则下坚定"两个维护",增强"四个意识",确保党领导实际工作落实落细,使政治信仰过硬、政治纲领明确、政治路线扎实、政治纪律严明的中国共产党,在指导示范区建设中确保了组织的高效保障性。

1. 提升党的思想引领力,确保示范区建设方向性准

示范区建设的基本出发点是在安徽探索出林长制改革的重大经验、模式,形成向全国的示范推广。从这个角度来说,是以一省之经验推全国重大改革的创新之举,是深入践行习近平生态文明思想的实践之举。只有提高党的思想政治力,才能确保攻坚克难中能够咬定目标不放松、思想践行不走偏。

2. 提升党的群众组织力,确保示范区建设基础性好

示范区建设中,要充分发挥人民群众的首创精神、主人翁责任感,将习近平生态文明思想的践行落实在每一位领导干部肩上、每一位护林员的身上、每一位珍爱环境且保护生态的群众心里。只有提高党的群众组织力,才能确保责任落实中能够集中力量办大事、群策群力出新意。

3. 提升党的社会号召力,确保示范区建设动力性强

示范区建设中存在的资金、技术、人才、设备等问题,需要发挥全社会力量去集中优势资源形成合力,示范区的建设也是长期积累不断突破的过程,需要稳定的全方位投入。只有提高党的社会号召力,动员社会力量重视生态文明建设,重视示范区经验模式总结推广的重大意义,重视示范区建设长期性、稳定性的重要意义,才能确保在深入推进中凝聚社会共识,开展持续地齐抓共管。

（二）不断提升领导干部的领导力,确保示范区建设具有坚强的中坚力量

党的干部是党和国家事业的中坚力量,是团结带领全社会力量的骨干。领导干部在密切党同人民群众关系中起着桥梁和纽带作用,是上行下效的关键群体。领导干部领导力强不强,很大程度上决定了党的领导力水平。政治坚定、艺术高超、作风亲民的党的领导干部,在指导示范区建设中确保了组织的关键作用。

1. 提升领导干部政治素质,确保示范区建设原则性明

示范区建设中一个关键特征就是林长负责制,建立起从省、市、县、乡、村五级林长负责制,将林业生态资源发展纳入各层级、各地方党委办公会议议程,成为考核地方领导干部执政能力的重要指标。只有提升领导干部政治素质,明确对党忠诚的原则,坚定理想信念,注重政治担当,严守政治纪律和政治规矩,同时在高质量推进示范区建设中把准方向、把握大势、提高防范风险的能力,才能确保示范区建设真正方向把控严明、维护好党中央的权威。

2. 提升领导干部本领水平,确保示范区建设绩效性实

安徽分六大片区确定了几十个林长制改革示范区先行区,每一个地区区位、资源禀赋、经济社会发展水平等差异都较大。如何因地制宜充分发挥地区优势推动有特色的示范区先行区建设,对地方领导干部领导本领提出了更高要求。只有提升领导干部改革创新本领,能够充分利用数字地理、互联网等手段开展工作,提升领导干部狠抓落实本领,将说实话、出实招、谋实事、求实效落实到具体工作要求中,提升领导干部风险预判、风险驾驭、危机处理等能力,才能确保示范区建设真正有效地落实好党中央的精神。

二、强化人民的源动力,高质量提升示范区的主体价值

我们党来自人民、植根人民、服务人民,人民立场是中国共产党的根本政治立场。习近平新时代中国特色社会主义思想蕴含着鲜明的人民立场、真挚的为民情怀。党的二十大报告指出:"江山就是人民,人民就是江山。中国共产党领导人民打江山、守江山,守的是人民的心。治国有常,利民为本。为民造福是立党为公、执政为民的本质要求。必须坚持在发展中保障和改善民生,鼓励共同奋斗创造美好生活,不断实现人民对美好生活的向

往。"强化人民的源动力,就是要既把人民作为现实境遇的行为主体,充分发挥人民的能动性和创造性,又将人民视作实践奋斗的价值主体,积极关注人民的理性诉求和根本需求。因此,强化人民的源动力,有利于在高质量推进示范区建设中充分发挥人民的主观能动性,切实增强现实生产力;有利于密切党同人民群众血肉联系,确保政策执行的广泛支持性;有利于凸显人民主体地位,进一步证明社会主义制度先进性、优越性,为全世界生态文明建设提供"中国方案"。

(一)充分发挥人民主观能动力,确保示范区建设具有强大的生命力

人的主体性突出地表现在人能够进行创造性的活动。马克思指出,人作为主体是能动的、自主的、自为的,人能够"通过实践创造对象世界,改造无机界,人证明自己是有意识的类存在物"。因此,人可以作为改造世界的主体,让事物朝着人的目的发展,也可以选择自身活动的内容、方式、达到目的的方法和手段,还可以在意识的指导下选择有利于自身的行动做到趋利避害。

1.发挥人民改造性,确保示范区建设特色鲜明

示范区建设本质上是一个人与自然关系确立、维护、发展的过程。首先要确立人与自然的关系,需要发挥人的主观能动性,认识到自然对人发展的重要意义和人对自然具有的一定的改造能力。其次要维护好人与自然的关系,找出自然资源保护与人的发展之间的平衡点,让人与自然实现动态的平衡。最后要发展好人与自然的关系,让自然生态的美丽成为人民群众对美好生活向往的关键变量。只有充分强化人民改造林业生态的意愿和能力,在确立林业生态关系上做到因地制宜,在维护林业生态关系上做到有的放矢,在发展林业生态关系上做到特色鲜明,才能确保示范区建设特色鲜明,示范效用推广性更强。

2. 发挥人民创新性,确保示范区建设亮点突出

示范区的建设,本身就是安徽践行习近平生态文明思想的创新之举,以改革创新的勇气和底气,在林业生态建设中找到可复制的模式与经验。人民的创新性来自对林业生态发展认识上的创新,意识到林业生态可持续发展的重要性;更重要的是来自对林业生态发展方式上的创新,即通过深化林长制改革和林长制改革示范区先行区的建设,摸索出可推广的经验。只有充分强化人民对林业生态发展的创新思维、方法,探索出更多合理优化的发展方案,才能确保示范区建设亮点突出,改革示范效用更强。

3. 发挥人民斗争性,确保示范区建设与时俱进

示范区建设中,示范区先行区的试点改革,体现了在发挥人民主观能动性过程中,对于改革过程的不断反思和自我革命斗争。试点的意义就是先行先试,有错就纠,总结经验,复制推广。从这个意义来说,示范区建设要勇于直面问题,不断优化发展思路和方法。只有充分强化人民对林业生态问题的思考和改变,直面改革发展中的困难和挑战,才能确保示范区建设与时俱进,示范效用价值性更大。

(二)充分尊重人民利益诉求,确保示范区建设具有雄厚的群众支持基础

中国共产党能够由一个最初只有 50 多名党员的政党,在极其艰难的环境下发展壮大,夺取全国政权,历经社会主义改造、改革开放,推进社会主义现代化建设,领导国家从一穷二白走向伟大复兴新征程,很重要的原因就是得到了最广大人民群众的拥护和支持,形成了发展的磅礴力量。中国共产党获得人民拥护支持的最关键,就是尊重人民利益诉求,做到通民心、会民意、答民问、解民求。

1. 尊重人民对绿色经济发展的诉求,确保示范区建设经济价值明显

示范区确立的"实践创新"模式是践行"绿水青山就是金山银山"的典

型。充分发挥林业生态资源优势,创造林业生态经济价值,让林业资源变成人民增收致富的有效途径。通过充分尊重人民对绿色经济发展的诉求,就可将林业生态资源与人民群众对物质生活富足的向往目标结合起来,从而确保示范区建设呈现出经济价值上的富足,让示范区建设动力强劲。

2.尊重人民对绿色系统发展的诉求,确保示范区建设生态价值优化

示范区确立的"系统治理"模式是践行统筹山水林田湖草沙系统治理的典型。运用系统思维,强调系统治理的高效性,利用林业资源与相关资源的整合,促进整体生态建设的优化发展,让林业资源成为促进生态资源发展的重要手段,让生态资源的发展激励林业资源更优发展,创造绿色循环协调共生的治理局面。通过充分尊重人民对绿色系统发展的诉求,就可让包含林业生态在内的生态文明建设以系统思维互促发展、优化互补、提高效用,确保示范区建设呈现出高效协同的局面,让示范区建设成本更低。

3.尊重人民对绿色保护发展的诉求,确保示范区建设安全价值彰显

示范区确立的"生态屏障区"模式目的是促进长江三角洲区域生态屏障的建设。在长三角区域发展一体化背景下,长三角生态资源探索一体化发展是应有之意。长三角区域生态屏障的建设,对深化长三角合作,充分发挥长三角协同联动发展优势,体现长三角发展共同体的理念意义重大。通过充分尊重人民对绿色资源在保护地方发展、保护地区联动、保护治理协同等方面的诉求,让生态屏障的建立成为保护地区发展的安全关卡,就能确保示范区建设呈现出利益相关体的互相制约、互相融合、互相促进,让示范区建设联动更广更密更强。

三、强化法治的保障力,高质量提升示范区的法治正义

"治国凭圭臬,安邦靠准绳。"全面依法治国成为"四个全面"战略布局

的其中一面,在现代化建设中予以有力推进。党的二十大报告指出:"全面依法治国是国家治理的一场深刻革命,关系党执政兴国,关系人民幸福安康,关系党和国家长治久安。"法治是文明的最重要的表现方式,建设生态文明必须有法可依、依法开展和严格执法。习近平总书记强调"保护生态环境,必须依靠制度、依靠法治","只有实行最严格的制度、最严密的法治,才能为生态文明建设提供可靠保障"。这些重要论述指出了要运用法治思维和法治方式解决生态文明建设的实践问题,为示范区发展指出了实现的路径。因此,强化法治的保障力,有利于在高质量推进示范区建设中筑牢法治之基,确保有法可依;有利于行使法治之力,确保违法必究;有利于积聚法治之势,确保法治环境风清气朗;有利于加快制度创新,强化制度执行,补齐制度短板,为生态文明建设夯实法治保障力。

（一）坚持问题导向,注重法制完备,确保示范区建设善于运用法治思维

生态建设事关国家发展、人民福祉。生态建设中存在的问题具有地域性、阶段性特征,只有坚持问题导向,具体问题具体分析,才能确保法治的出发点切合实际。问题导向更是一种法治思维,通过发挥体制优势,整合资源、统筹力量,才能够更好地推进立法质量。事实证明,只有符合实际的法制才是有质量的法治,有质量的法治才是推动完备法制的基础。

示范区既是深化改革的桥头堡,也是践行习近平生态文明思想的集中体现。要提高政治站位,强化责任意识,从服务国家整体生态文明建设的法治思维出发,完善林长制改革的相关法律法规和督察监管制度,制定严格的责任清单,责任到人,明确职责权限,确保示范区建设的监管制度更加健全,确保国家生态保护红线不动摇。例如,对国家公园、湿地保护区等要实行分区管控,严格碳排放权交易和入湖入河排污口的管理。

（二）坚持以人为市,注重执法温度,确保示范区建设善于运用法治方式

示范区的建设要注重以人为本,一方面明确这是全社会的共同责任;另一方面要统筹社会各方力量,整合各方资源。在执法过程中要注重法理与情理的融合,要本着能够最大限度调动人民积极性的目标,法制政策的宣传更加注重引导,法治管理的手段更加注重人性化。

示范区建立的初衷就是探索因地制宜的林长制改革,不同地区经济社会发展基础、地域生态资源禀赋等差异,决定了地方在执法过程中,要充分发扬民主,尊重地方发展自主权,让地方林业生态资源执法工作的操作性更强。

同时,有的示范区先行区位于大山深处,那里的居民以山为家,大山是他们祖祖辈辈生活生存的地方,大山对于他们而言是生活的来源,更是一种精神寄托。对待人民群众,尤其是一辈子守护着大山、依靠着大山的困难群众,更应该在执法过程中首先考虑到要加强人文关怀。示范区先行区在建设过程中,可能会遇到不理解不配合等问题,在确保执法有力的基础上,还要注重执法的温度和温情,要让人民认可示范区的建设,认可国家对生态环境的依法保护和依法处置的决心。正因为这是最贴近人民生活的一项制度之一,更需要确保法制建设的亲民性。

四、强化行政的执行力,高质量提升示范区的"政府有为"

民之所望,政之所向。国家行政管理承担着按照党和国家决策部署推动经济社会发展、管理社会事务、服务人民群众的重大职责。习近平总书记在党的十九届四中全会上要求:"健全强有力的行政执行系统,提高政府执行力和公信力。"习近平总书记在党的二十大仍然要求"更好发挥政府作

用"，并且强调"优化政府职责体系和组织结构，推进机构、职能、权限、程序、责任法定化，提高行政效率和公信力"。行政执行力，是国家行政系统贯彻党和国家决策部署，把思想转化为行动、把理想变为现实、把计划变为成果的能力，是贯彻落实的能力。强化政府的执行力，有利于在高质量推进示范区建设中提高政府执行力和公信力，有利于把我国的制度优势更好转化为国家治理效能，有利于高效解决重大的现实问题。

（一）正确界定政府权责边界，定准政府之"位"，提高示范区行政效能

政府权责边界的确立，能够明晰职责、规范义务。有效的权责边界可以最大化发挥政府职能作用。政府在行政过程中，要保证不越位、不缺位，更不能错位，以合理的制度安排和行之有效的治理手段，确保示范区行政效能。

1. 事前"立"，提升政府决策力，确保示范区建设有章可循

示范区建设从规划的设立、重点工作的布局、部门的职责、资源的调动等，都需要政府果断的决策力。通过科学、合理、民主的方式，提高决策的科学化、精细化水平，将合理统筹的理念贯穿到示范区建设中。

2. 事中"管"，提升政府服务水平，确保示范区建设有条不紊

示范区在具体建设推进过程中，需要政府强化服务意识，促进"放管服"改革，以有为政府的服务理念和服务举措，确保协调好各方面的利益，政府各职能部门要各司其职，明确权责关系，确保示范区建设过程中从理念、方法、保障等各方面有条不紊地进行。

3. 事后"思"，提升政府反思执行力，确保示范区建设有效提升

示范区建设的应有之义就是要形成示范并借以推广，因此在建设中要不断总结反思。示范区在摸索的过程中要不断总结经验教训，特别是政府执行力的实施过程中，对如何高效合理分配资源，应对各种困难和挑战，需

要不断开拓思维并致力解决。只有总结出良好的经验,才可以提升政府的治理能力,确保示范区能够高位推进,确保总结的经验示范效应明显。

(二)积极探索政府行政方式,运用技术之"新",优化示范区行政手段

随着信息技术等科技手段的不断发展,对政府行政方式和方法提出了新的更高要求。行政执行力的提高离不开运用先进的行政手段和方式,从工具的选择上提高效率、优化配置。

1.探索运用新型技术与行政执行相结合,推动示范区管理方式革新

政府行政过程中,积极探索5G、区块链、数字政务、物联网等手段,将示范区资源进行整合配置,建立统一的林业资源大市场;同时,通过全省林长制改革示范区统一平台的打造,及时发布重要的政策公告,实现政务公开,以密切群众和政府的关系,倾听民生诉求。

2.探索整合各方面力量与行政执行相融合,推动示范区管理主体多元化

政治行政体制改革的重点任务之一即探索多元化社会治理方式,变垂直型管理为扁平型治理。治理除了强调手段方式的多元化,还有很重要的是治理主体的多元化。在示范区建设中,探索发动社会资本的力量以充实资金来源,调动社会各群体参与示范区建设,通过志愿者、利益相关者积极性和主动性的调动,为政府行政松绑,让多元治理的高效协同发挥积极作用。

五、强化市场的决定力,高质量提升示范区的"市场有效"

党的十八大以来,我国经济发展平衡性、协调性、可持续性明显增强,我国经济迈上更高质量、更有效率、更加公平、更可持续、更为安全的发展之

路。自党的十四大提出建立社会主义市场经济体制以来,社会主义市场经济基本制度日趋成熟定型,政府与市场的关系日益理顺,促使"看得见的手"与"看不见的手"相得益彰,市场在资源配置中的决定性作用日益显现。习近平总书记在党的二十大报告中再次重申,要在"构建高水平社会主义市场经济体制"中坚持"两个毫不动摇","充分发挥市场在资源配置中的决定性作用"。市场决定资源配置是市场经济的一般规律,市场经济本质上就是市场决定资源配置的经济。强化市场的决定力,有利于在高质量推进示范区建设中更好发挥市场的作用,推动资源配置实现效益最大化和效率最优化。

(一)优化市场改革机制,确保示范区建设经济活力充沛

充分发挥市场在资源配置中的决定性作用,积极稳妥从广度和深度上推进市场化改革,推动资源配置实现效益最大化和效率最优化。

1. 坚持新发展理念,推动示范区"五位一体"融合发展

新发展理念强调创新、协调、绿色、开放、共享"五位一体"融合发展。示范区作为深化林业生态资源发展的典型地区,本身就体现绿色发展理念。示范区的建设同样需要将创新、协调、开放、共享的理念融合其中,认识到创新驱动发展的重要意义,协调发展对整合林业与大农业发展之间的关系和地区之间关系的重要性以及需要通过开放合作打造林业生态的联动发展,同样林长制改革的最终目的是推进人民福祉,是共享绿色发展的成果。

2. 坚持以供给侧结构性改革为主线,推动示范区建设中新技术的运用

充分发挥市场在示范区建设中的作用,就是要以供给侧结构性改革为主线。在当今科技革命日新月异发展的背景下,注重新一轮科技革命与绿色产业的深度结合,通过创新的理念、方法和技术等,如在对林业资源进行动态核准时,可以创新利用大数据、5G 等手段,高效、准确、完整地收集到相关数据资源,从而助力示范区的市场建设。

（二）完善市场监管机制，确保示范区建设经济秩序良好

市场在运行过程中，可能会出现资源利用的浪费或者催生寻租等腐败的发生。市场作为看不见的手，在调节经济运行的过程中，还需要充分发挥市场监管机制的作用，以维护好示范区建设的经济秩序。

1. 坚持底线思维，有效应对风险挑战，推动示范区建设向"稳"运行

示范区建设中，可能会存在各种风险挑战，如林业资源分配中的利益博弈，基本林业生态资源保护红线的不可触碰，环境治理过程中相关方利益诉求的不匹配等。这就要求我们要坚持底线思维，尊重资源配置的客观规律，遵守生态环保的基本红线，增强困难风险挑战的预判力、实际解决力和总结反思力，确保示范区的经济运行过程中，不发生系统性风险和重大公共安全事件等。

2. 坚持创新思维，着力解决突出问题，推动示范区建设向"优"进阶

示范区在改革的过程中，需要建立新的运行机制，聚焦重点人群和地区，运用新的监管手段和方式，着力探索市场差别化解决突出问题的重要作用，以服务地方经济社会民生发展为最终目标。要以创新思维，探索市场在畅通资源配置、畅通信息互通、畅通利益衔接等方面的新模式、新思路，最终为示范区林业生态经济社会民生效益最大化打下坚实的基础。

六、强化文化的引领力，高质量提升示范区的文化建设

"文化兴国运兴，文化强民族强。没有高度的文化自信，没有文化的繁荣兴盛，就没有中华民族伟大复兴。"党的十八大以来，"全党全国各族人民文化自信明显增强，全社会凝聚力和向心力极大提升"。党的二十大报告指出："全面建设社会主义现代化国家，必须坚持中国特色社会主义文化发展

道路,增强文化自信,围绕举旗帜、聚民心、育新人、兴文化、展形象建设社会主义文化强国。"强化文化的引领力,有利于在高质量推进示范区建设中从思想意识领域真正树立起生态环保理念,持续推动示范区不断发展;有利于凝聚共识,积蓄力量,在示范区建设中号召起最广大的支持;有利于从道德层面,将示范区建设提升到新的高度,从而更好地融合各方面利益表达,倡导和谐互融共生。

(一)牢固树立社会主义生态文明观,为示范区发展奠定思想基础

加强社会主义生态文明观的生态文化软实力建设至关重要。社会主义生态文明观是大力推进示范区人与自然和谐共生的绿色经济社会发展的重要思想基础和强大精神力量。有了社会主义生态文明观作为先进理念指导,就能够更进一步加强示范区绿色发展的理论自觉和理论自信。

(二)坚持意识形态塑造,凝聚示范区建设的全民参与共识

示范区建设是一个长期过程,也是一项重要的全民行动。如何最大限度地调动广大人民群众的积极性,让一项希冀全民的行动成为全民参与的共识,从而让全民主动参与、自觉融入,促使示范区能够长期稳定地发展?除了体制机制的保障外,在意识形态领域,要塑造起示范区建设的思想维护高墙,通过正面的宣传引导,尤其是将乡愁、中华民族传统文化等融合进示范区建设中。例如,通过打造城市公园生态康养让城市人体验回归乡村的美好感受,通过宣传林业种植人致力于创造美好家园的案例故事渲染乡愁、乡土美好等。当林业生态保护成为全民意识形态中普遍且深远的观念时,示范区的生态建设就会迈入持续稳步推进之路。

1. 推进生态保护观念进课本、进课堂,让学生群体成为生态发展的后备军

示范区建设的典型案例,可以以课外阅读、课后思考等方式进入学生群体的课堂中,可以让示范区建设者进入学校,现身说法,可以将生动的图片、文字、视频等材料做成生动的教育启示片,让生态保护的意识在学生群体的思想中生根发芽。

2. 推进生态保护理念进社区、进社会,让城乡人民成为生态发展的主力军

示范区发展的过程本身就是一部生态保护教育片,通过人民群众身边息息相关的林业生态资源,教育人民群众珍惜、爱护和保护生态资源。同时,示范区建设在实际推进过程中,可以通过在城乡的显著位置张贴宣传画、宣传标语等方式,或以"打卡"的创新模式,鼓励全社会兴起生态资源"我先行"的志愿行动理念,让人民第一时间感受得到示范区建设的实际效果,从而从观念上认可示范区的生态建设,并主动投入示范区的生态建设中。

（三）坚持思想道德规范,强化示范区建设的全民行动自觉

国无德不兴,人无德不立。全社会的思想道德建设,能够"激发人们形成善良的道德意愿、道德情感,培育正确的道德判断和道德责任,提高道德实践能力尤其是自觉践行能力"。因此可以说,讲道德、尊道德、守道德的生活是一种向上、向善的力量,能够将现实生活以道德的高度认同转化为全民自觉行动的生成。

1. 形成全民生态资源保护社会风气,确保示范区建设人人参与、人人保护、人人监管

梁启超曾说过:"国之见重于人也,亦不视其国土之大小,人口之众寡,而视其国民之品格。"在示范区建设中,可能会出现违背其发展初衷的事例,甚至出现公然与之精神、做法相对立的个案,这时候就需要良好的社会风气

来监督、批判,要以人人负责、人人尽责的主人翁精神,通过思想道德层面良好社会风气的塑造,让示范区建设中的不正之风无处遁寻,确保监管无处不在。

2.鼓励地区生态保护精神的独立思考,确保示范区建设兼容并蓄、有张有弛、推成出新

示范先行区的建立,本身就是不同地市探索符合实际的不同林业生态资源保护道路,以典型经验的示范推广推动全国范围深化生态资源保护的大局。地区之间需要在模式的创建、发展重点的确定、发展道路的选择等方面,保护独立思考的精神和勇气,要明确观念不是一成不变的,观念也不是千篇一律的,要不断开拓创新、锐意进取,以紧跟时代潮流和深耕地区发展特色的智慧和勇气,确保示范区建设观念上的革新,走出地方发展的特色之路。

七、强化民生的统筹力,高质量推进示范区的民生福祉

民生是人民幸福之基、社会和谐之本。民生稳,人心就稳,社会就稳。党的十八大以来,我国社会建设全面加强,人民生活全方位改善,社会治理社会化、法治化、智能化、专业化水平大幅度提升。在党的二十大报告中以专题"增进民生福祉,提高人民生活品质"进行部署,强调"江山就是人民,人民就是江山""我们要实现好、维护好、发展好最广大人民根本利益""着力解决好人民群众急难愁盼问题,健全基本公共服务体系,提高公共服务水平,增强均衡性和可及性,扎实推进共同富裕"。坚持以人民为中心的发展理念,增进人民福祉、促进人的全面发展,不断完善城乡统筹民生保障制度,不但是我们党立党为公、执政为民的本质要求,而且彰显了我们党治国理政的初心和使命。习近平新时代中国特色社会主义思想具有人民性等鲜明特

质,突出强调了"发展为了人民、发展依靠人民、发展成果由人民共享"。习近平总书记强调:"保障和改善民生没有终点,只有连续不断的新起点,要采取针对性更强、覆盖面更大、作用更直接、效果更明显的举措,实实在在帮群众解难题、为群众增福祉、让群众享公平。"强化民生的统筹力,有利于在高质量推进示范区建设中集中体现以人民为中心的发展思想,自觉践行中国共产党的性质和宗旨;有利于满足人民群众对美好生活的向往,以高质量的示范区建设创造高品质的群众生活;有利于助推示范区为经济的发展提供更加有利的环境和强大的动力。

(一)以人民获得感为出发点,确保示范区建设具有雄厚的群众基础

示范区建设要充分发挥人民群众的主体作用,这是力量源泉。示范区建设过程本身是一个探索的过程,要持续推进就必须充分考虑人民诉求,以人民获得感为出发点,让人民在示范区的建设中能够共享成果,从而获得人民的拥护和支持。

要创造更多更好的就业机会,推动示范区建设融入人民参与的主人翁感。让人民群众以主人翁的责任和精神推动示范区的建设,最直接的方式就是创造更多的就业机会,壮大示范区建设的队伍,推动示范区建设队伍的专业化、组织化、系统化、常态化。例如,示范区护林员的选择,就可以从当地有一定经验却生活相对困难的群众中征集,通过制度的保障,不但充分调动了人民群众的积极性,而且契合了民生诉求。

(二)以人民幸福感为归宿点,确保示范区建设具有高阶的精神目标

人民群众的幸福感是我们各项工作追求的更高阶的目标,幸福感的来源体现的是更高级利益诉求和更高端精神追求的满足。人民群众的幸福感是我们的奋斗目标之一,为我们推进示范区建设把控住了更高端的道义制

高点,也成为我们在推进示范区建设过程中直面困难和挑战的勇气来源。

现在已经到了扎实推动共同富裕的历史阶段。到 2035 年,全体人民共同富裕要取得更为明显的实质性进展,基本公共服务要实现均等化。示范区在建设过程中,要进一步挖掘林业生态资源的经济价值,让林业资源成为一个地区经济发展的重要推动力,切实提高当地人民收入水平,带来消费的绿色升级。示范区发展过程中,要注重改善收入和财富分配格局,可适当将发展的红利向困难和弱势群体倾斜,探索通过土地、林业资源等要素的使用权、收益权增加中低收入群体的要素收入。

(三)以人民安全感为深化点,确保示范区建设具有完备的保障体系

人民群众的安全感,一方面来自示范区建设的成效,能为他们坚定示范区模式会带来利益的认同安全感。例如,在示范区建设中,进一步健全农民工、灵活就业人员、新业态就业人员帮扶体系和农村社会救助制度体系,通过建立更系统更完善的社会保障网络,将人民满足感融入其中。

另一方面则来自示范区建设政策的持续性带来的战略安全感。人民群众的安全感,可以说既有客观物质层面的被满足和被保障,也有主观精神层面的认同与信任。例如,在推动示范区建设中融入健康中国战略。健康中国战略包括健康生活、健康服务、健康保障、健康环境和健康产业等。示范区推进的林业生态资源发展正是创造健康的生活、健康的环境,发展健康的产业的生动实例。因此,示范区建设要从完善健康中国战略出发,致力于为人民提供健康的生活方式,以绿色生态康养融合发展理念治理下的健康环境的打造,继而发挥林业资源在践行"两山"理论中的重要作用,以健康绿色的产业推动经济发展方式转型升级。

八、强化治理的创新力,高质量提升示范区的治理能力

党的十八大以来,我国社会建设全面加强,人民生活全方位改善,续写社会长期稳定奇迹。十九届六中全会通过的《中共中央关于党的百年奋斗重大成就和历史经验的决议》提出:"完善社会治理体系,健全党组织领导的自治、法治、德治相结合的城乡基层治理体系,推动社会治理重心向基层下移,建设共建共治共享的社会治理制度,建设人人有责、人人尽责、人人享有的社会治理共同体。"习近平总书记在党的二十大报告中要求"健全共建共治共享的社会治理制度,提升社会治理效能"。强化治理的创新力,有利于在高质量推进示范区建设中明确主体责任,提供健全的制度保障;有利于促进社会和谐有序,进一步保障和改善民生;有利于创新治理方式和手段,促进治理效能提高。

(一)筑牢社会治理根基,确保示范区基层治理新格局的形成

基层治理的重要特点是要直面存在的问题。基层虽然问题多、细、复杂,但人民群众对基层治理的参与热情度高,因为基层治理与他们的生产生活关系最为密切。基层治理能力的高低和治理效果的好坏对于人民群众的直接感受也是最深刻的。示范区建设的本身就是面向群众的一项林业生态工作,更应该通过治理机制的创新,筑牢治理的基层根基。

1. 推动科技治理,大数据精准赋能,构建示范区创新机制

通过建立示范区林业资源大数据中心,汇聚各地方和全省的林业资源,增强预警预测预防的功能。开发示范区林业生态管理网格化信息系统,从林长到各级护林员,可以使用该系统及时收集相关林业生态资源信息,举报毁林伤林行为等。对示范区林业资源赋予独一无二的"二维码",普通群众

通过"扫一扫"就可以第一时间明晰林业资源的名称、种类、年限等相关信息,将林业生态保护落实到每一位群众身上。

2.整合力量资源,推行高效联动,构建示范区联动机制

建立综合行政执法中心,对示范区建设过程中的违法案件,及时发现、及时报告、及时处理、及时反馈、及时考评,提高治理效能。整合智慧农业、智慧生态等资源,探索智慧林业建设。

3.发扬良好作风,倾听民意民心,构建示范区协调机制

在示范区建设过程中要不断征集民意,适时调整政策方式和方法,充分发挥护林员群体深入基层、深入一线的作用,收集群众诉求,将示范区的发展举措深根于人民,发展成果人民共享。

(二)提升治理现代化水平,确保示范区走共同富裕之路

2022年政府工作报告指出:"要坚持以人民为中心的发展思想,依靠共同奋斗,扎实推进共同富裕,不断实现人民对美好生活的向往。"实现共同富裕,需要许多制度性的安排,社会治理现代化就是其中重要一环。示范区建设的成果很大程度上影响共同富裕目标的实现,需要全面提升其治理能力水平,夯实共同富裕的社会基石。

1.加强党建引领,提升示范区治理效能

中国共产党是中国推进各项改革的"定海神针"。办好中国的事情,关键在党。示范区建设作为一项重要的民生工程、改革探索、社会治理举措,需要充分坚持党的全面领导,完善党建引领的权责机制,将党的政治优势、组织优势转化为推动示范区建设强大的治理效能。

2.发挥群众主体作用,提升示范区治理格局

共建共治共享的社会治理格局离不开群众主体作用的发挥。这既是对我国长期以来社会治理经验的总结,也是对加强和创新治理提出的更高要

求。示范区建设过程中,首先要以人民群众的利益诉求为出发点,要不断解决在示范区建设过程中群众最关心最直接最现实的利益问题;其次要动员群众力量投入示范区的建设、维护和发展之中,建言献策、主动作为、积极进取,以勇于直面困难,集合群众的力量和智慧,提升示范区治理的格局;最后要保证示范区发展成果的全民共享,不管是"绿水青山就是金山银山"的经济发展目标,还是统筹山水林田湖草沙的系统治理优化格局,抑或是对区域生态屏障的建立等,都需要让人民群众有真正的获得感。

3. 综合运用法治、德治、智治手段,创新示范区治理方式

首先要加强法治建设,加快形成并完善示范区建设的法律体系和地方法规体系。其次要汇聚德治力量,以社会主义核心价值观为引领,推动示范区建设的社会责任感形成,让广大人民认可示范区建设的重大意义,愿意主动投入示范区建设中。最后要综合利用数字化等创新治理手段,以智治高质量推进示范区建设;通过现代化信息技术,增强数字治理林业生态资源的手段,让示范区建设更加贴近生活、方便生活。

九、强化生态的保护力,高质量提升示范区的绿色发展

加强城乡生态文明制度建设是推进国家治理体系现代化的时代要求。党的十八大以来,"全党全国推动绿色发展的自觉性和主动性显著增强,美丽中国建设迈出重大步伐,我国生态环境保护发生历史性、转折性、全局性变化"。在党的二十大报告中以专题"推动绿色发展,促进人与自然和谐共生"的形式进行了部署,强调要"加快发展方式绿色转型""深入推进环境污染防治""提升生态系统多样性、稳定性、持续性""积极稳妥推进碳达峰碳中和"。"大自然是人类赖以生存发展的基本条件。尊重自然、顺应自然、保护自然,是全面建设社会主义现代化国家的内在要求。必须牢固树立和践

行绿水青山就是金山银山的理念,站在人与自然和谐共生的高度谋划发展。"党的二十大报告为我们深入推进示范区绿色发展指明了前进方向。强化生态的保护力,有利于在高质量推进示范区建设中确保绿色发展的本质属性,有利于为示范区建设确定原则手段,有利于明确示范区建设的最终目标是以美丽中国现代化推进中华民族伟大复兴。

(一)迈向人与自然和谐共生,确保示范区绿色经济社会发展

党的二十大报告指出,要"站在人与自然和谐共生的高度谋划发展"。这为我们在新时代处理人与自然关系、人与社会关系奠定了重要原则,也为中国式现代化发展指明了题中之义。

1. 加强生态文明制度体系建设,为示范区发展奠定制度保障基础

严格的生态文明体制机制和具有约束力的生态文明法治体系,可以为示范区绿色发展提供制度之治。要以绿色发展为理念和价值导向,规范示范区的绿色考核评价体系,把自然资源的损耗、生态环境的破坏、生态利益群体的诉求、生态权益的保障等都纳入示范区建设考核评价体系,让制度为示范区规范发展提供约束。

2. 采用绿色技术和绿色工艺,为示范区发展提供技术支撑基础

绿色技术和绿色工艺的研发与应用,可以满足示范区人民不断增长的对优质生态产品和生态服务的需求,强化生态文明观念,让绿色出行、绿色消费等绿色生活方式成为社会潮流和风向标。在进一步提升示范区绿色技术发展和绿色工艺改进上,以资源的高效利用和污染排放的令行禁止,增强示范区绿色企业的整体市场竞争力,促进示范区绿色经济社会发展潜力更加旺盛。

3. 示范区的绿色发展是乡村振兴的应有之义

绿色发展是人类社会继农业经济、工业经济、服务经济之后新的经济发

展模式,是更富效率、和谐、持续的增长方式,也是继农业社会、工业社会和服务经济社会之后人类最高的社会形态,绿色经济、绿色新政、绿色社会是21世纪人类文明的全球共识和发展方向。安徽全国林长制改革示范区建设遵循绿色发展理念,是经济社会高质量发展的基本前提和内在要求。经济社会的发展是资源环境约束下的发展,然而,传统经济理论和国民经济核算体系都忽视了自然资源和环境对经济发展的约束作用。从绿色发展的角度研究乡村振兴问题,在理论上揭示乡村发展规模和速度与环境容量和资源承载的关系,寻求在可持续发展的理念下实现城乡协调、融合发展,是在更高层次上对乡村生产空间、生活空间、生态空间的认知和理解。

(二)迈向自然生态系统协调,确保示范区美丽中国引领性发展

党的二十大报告指出:"要推进美丽中国建设,坚持山水林田湖草沙一体化保护和系统治理,统筹产业结构调整、污染治理、生态保护、应对气候变化,协同推进降碳、减污、扩绿、增长。"可以看出,美丽中国离不开自然生态系统的统筹、协同和一体化。示范区要成为美丽中国的一个样本,引领美丽中国建设,需要将系统观念融合进绿色发展中。

1. 提高战略思维,将系统观念贯穿示范区建设全过程

在示范区建设过程中,要处理好发展和保护的关系、整体和局部的关系、长远目标和短期目标的关系、政府和市场的关系,增强战略思维能力,以高瞻远瞩的战略眼光和深谋远虑的战略布局,完整把握、准确理解示范区在推进高质量绿色生态发展中的意义,以严的标准和实的举措促进示范区绿色发展。

2. 提高应对能力,将系统治理贯穿示范区发展各环节

示范区发展需要以"致广大而尽精微"的系统治理理念,通过转变发展方式和生活方式,从大处着眼、小处着手,通过统筹协调,形成示范区各相关

部门的工作合力、示范区绿色发展方式之间的工作合力、示范区先行区与示范区整体目标的工作合力,以系统观念助推全面绿色转型升级,以系统治理的韧性和强大合力,推动示范区发展方式的高效转变,助力美丽中国建设。

十、强化防腐的威慑力,高质量提升示范区的制度建设

全面从严治党是中国共产党治党方略的重大发展。全面从严治党核心是加强党的领导,基础在"全面",关键在"严",要则在"治"。党的十八大以来,党的自我净化、自我完善、自我革新、自我提高能力显著增强。习近平总书记在十九届中央纪委六次全会上强调,"要保持反腐败政治定力,不断实现不敢腐、不能腐、不想腐一体推进的战略目标","要准确把握反腐败斗争阶段性特征,深入研究当前腐败的方式、特征和表现,提高及时发现和应对新问题新动向的能力","要坚持严的主基调不动摇,坚持以雷霆之势反腐惩恶,保持战略定力,推动党风廉政建设和反腐败斗争向纵深发展"。党的二十大报告也指出:"全党必须牢记,全面从严治党永远在路上,党的自我革命永远在路上,决不能有松劲歇脚、疲劳厌战的情绪,必须持之以恒推进全面从严治党。"强化防腐的威慑力,有利于在高质量推进示范区建设中破除群众身边的腐败问题;有利于监督政府行为,促进行政作风改善和行政效率提高;有利于汇聚起示范区建设中的民心,确保示范区建设顺党心、合民意。

(一)加快建立权力配置与运行的制约机制,确保示范区反腐倡廉制度体系建设

权力是把双刃剑,运用得好可以集中力量办大事,监督、制约、规范各方行为;运用得不好,滋生腐败,就可能给党和国家事业公信力带来严峻挑战,阻碍改革的推进。

1. 建立示范区建设责任目标管理制度,形成党政同责齐抓共管局面

示范区建设过程中因为涉及各地区、各部门的横向合作,如何建立起规范的权力运行机制,就需要就示范区的建设确定目标责任体系,明确任务分工和权责分解,确保党委领导下各职能部门通力合作,严抓领导干部主体责任,明确谁来落实的问题,形成林长的总负责制,注重民主评议、诫勉谈话及考核等各项配套制度,将目标考核、定期考核的结果与不断改进示范区制度建设一并作为决定性参考。逐步落实领导干部任期内的生态文明建设责任制,实行自然资源资产离任审计等原则方针,切实明确各级领导干部的履责路线和根本职责。同时,针对损害示范区建设的领导干部,"要狠抓一批反面典型,特别是要抓住破坏生态环境的典型案例不放,严肃查处,以正视听,以儆效尤"。

2. 狠抓制度执行监督考核,形成权力运行上下联动局面

督查是保障生态文明体制改革方案"落地生根"的重要手段。示范区制度的规范是一方面,制度执行的情况将直接决定示范区建设运行保障情况。对于督查机制,习近平总书记强调"特别是中央环境保护督查制度建得好、用得好,敢于动真格,不怕得罪人,咬住问题不放松,成为推动地方党委和政府及其相关部门落实生态环境保护责任的硬招实招"。因此,高质量推动安徽全国林长制改革示范区建设,就要着眼当前,及时对制度执行开展监督,完善监督机制,形成制度执行的上下联动,密切各方配合,确保示范区建设的效率更优;要将"是否利于生态文明建设持续发展,是否让人民群众感受到生态获得感"作为生态文明体制改革成效的评价标准,但凡不符合"两个是否"评价准则的改革行为,都必须及时予以纠正;要对重点领域制度执行情况进行监督制约,加强对权力运行重点部位、重点岗位和关键环节的监督,建立起规范、透明的权力运行制度体系。

（二）加快建立党风党纪和政治理论的学习工作，确保示范区忠诚担当尽责氛围营造

风清气朗的政治生态，持续推进的政治理论学习工作，对强化政治观念、政治纪律具有重要的意义。党风党纪的维护和遵守不是一句口号，而是实际的见行动过程。

1. 加强政治理论学习，让示范区政治意识始终保持在高位

重点加强对习近平生态文明思想的学习，把握理论精髓，深挖思想背后直面的现实问题，与示范区在建设中遇到的问题联系起来。以习近平生态文明思想的要义指导示范区建设，确保示范区政治站位高、大局意识强。

2. 强化政治自觉行动，让示范区政治建设始终前进在路上

党的规章制度和政治纪律离不开自觉地维护和践行。落实到实际的政治自觉，能够确保示范区建设在遇到困难和问题时不会出现形式主义和官僚主义问题，让示范区的建设真正与群众的利益诉求相挂钩，确保示范区在践行"不忘初心、牢记使命"上，规矩意识强、担当有作为。

（三）加快建立生态安全制度体系，确保示范区生态系统的良性循环

生态系统的良性循环是生态平衡的基本特征，是生态安全的标志，也是人与自然和谐的象征。建设美丽中国，就是要让中华大地上各类生态系统具有合理的规模、稳定的结构、良性的物质循环、丰富多样的生态服务功能。习近平总书记指出，要加快建立健全"以生态系统良性循环和环境风险有效防控为重点的生态安全体系"。生态安全关系人民群众福祉、经济社会可持续发展和社会长久稳定，是国家安全体系的重要基石。建立生态安全体系是加强生态文明建设的应有之义，是必须守住的基本底线，也是维护生态安全的重要着力点，是最具有现实性和紧迫性的问题。

1.加快实施"多规合一",构建统一的空间规划体系

安徽全国林长制改革示范区的生态安全体系建设,必须坚持统筹规划,优化布局,加快实施"多规合一",构建统一的空间规划体系。通过政策导向激励、建立长效机制等,切实保护好生态功能区;加强城乡统筹,抓好生态修复和管控,降低生态系统退化风险。通过实施国土空间管制和生态红线制度、采取生态系统修复和保护措施,确保物种和各类生态系统的规模和结构的稳定,提升生态服务功能水平。牢固树立底线思维,"要把生态环境风险纳入常态化管理,系统构建全过程、多层级生态环境风险防范体系"。防范和化解生态环境问题引发的社会风险,维护正常生产生活秩序。

2.筑牢生态安全屏障,确保生态系统的良性循环

生态安全体系是生态文明体系的自然基础,生态安全才有社会安全。安徽全国林长制改革示范区建设要坚持维护生态系统的完整性、稳定性和功能性,确保生态系统的良性循环;坚持节约优先、保护优先、自然恢复为主,实施山水林田湖草沙系统生态文明保护修复工程,提升自然生态系统稳定性和生态服务功能,筑牢生态安全屏障;要处理好涉及生态环境的重大问题,包括妥善处理好国内发展面临的资源环境瓶颈、生态承载力不足的问题,以及突发环境事件问题,在生态功能区、生态环境敏感区和脆弱区,划定并严守生态红线,构建科学合理的生态安全格局;建立生态补偿政策,使生态产品提供区域和个人得到合理补偿;建立监测预警体系,提高生态环境质量预防和污染预警水平,有效防范生态环境风险。

习近平生态文明思想既致力于促进中国社会的生态文明建设,又积极融入全球生态治理体系中,参与全球环境治理,为全人类的生态文明建设提供中国方案。安徽全国林长制改革示范区建设是践行习近平生态文明思想的鲜活案例,是坚持中国特色社会主义生态文明发展道路的实践典范,是安

徽深化林长制改革的又一创举,将示范区建设经验总结好、推广好,既彰显了安徽在全国生态文明建设中的担当与使命,又突出了安徽在全国生态文明建设中的智慧与超越。

参考文献

[1]习近平.中共中央关于坚持和完善中国特色社会主义制度 推进国家治理体系和治理能力现代化若干重大问题的决定[EB/OL].中国政府网,http://www.gov.cn/zhengce/2019-11/05/content_5449023.htm? ivk_sa=1024320u.

[2]习近平.高举中国特色社会主义伟大旗帜 为全面建设社会主义现代化国家而团结奋斗[EB/OL].中国政府网,http://www.gov.cn/xinwen/2022-10/25/content_5721685.htm.

[3]安徽省政协"深化新一轮林长制改革"月度专题协商会.https://lyj.ah.gov.cn/ztzl/mtkly/40471568.html

[4]"两山银行"与生态银行一脉相承.https://m.gmw.cn/baijia/2021-06/22/1302370963.html.

[5]牛向阳.加快全国林长制改革示范区建设 奋力推进安徽林业治理体系和治理能力现代化[J].安徽林业科技,2020,46(1):3-8.

[6]童成帅.习近平生态文明思想的方法论体系探释[J].社会主义研究,2022(5):1-8.

[7]李雪娇,何爱平.人与自然和谐共生:中国式现代化道路的生态向度

研究[J].社会主义研究,2022(5):17-21.

[8]本书编写组.生态文明典型案例100例[M].北京:中共中央党校出版社,2022.

[9]张连国.当代生态文明理论的三大范式比较研究[M].北京:人民出版社,2021.

[10]中央党校(国家行政学院)科研部.生态文明案例集[M].北京:中共中央党校出版社,2021.

[11]余满晖,等.生态文明建设的理论与实践[M].北京:社会科学文献出版社,2021.

[12]金佩华,杨建初,贾行甦."绿水青山就是金山银山"理念与实践教程[M].北京:中共中央党校出版社,2021.